新形态立体化精品系列教材

Photoshop
图像处理
立体化教程
Photoshop CS6

微课版｜第3版

孔小丹 谢超宇／主编　徐颢璞 原玉萍 郭亚晶／副主编

U0261941

人民邮电出版社
北　京

图书在版编目（ＣＩＰ）数据

Photoshop图像处理立体化教程：Photoshop CS6：微课版 / 孔小丹，谢超宇主编. -- 3版. -- 北京：人民邮电出版社，2023.3
新形态立体化精品系列教材
ISBN 978-7-115-59891-2

Ⅰ．①P… Ⅱ．①孔… ②谢… Ⅲ．①图像处理软件—教材 Ⅳ．①TP391.413

中国版本图书馆CIP数据核字（2022）第150061号

内 容 提 要

Photoshop 是一款主流图像处理软件，广泛应用于平面设计的各个领域，其中 Photoshop CS6 是比较常用的版本。本书以 Photoshop CS6 为基础，讲解使用 Photoshop CS6 处理图像的相关知识。

本书由浅入深、循序渐进，通过"情景导入"和"课堂案例"讲解软件知识，通过"项目实训"和"课后练习"巩固学习内容，通过"技巧提升"提升读者的综合能力。全书运用大量的案例和练习，着重培养读者的实际应用能力，并将职业场景引入课堂教学，让读者提前进入工作角色。本书在附录中列出了 Photoshop CS6 的常用快捷键（组合键），以便读者快速查找和使用；还列出了一些专业设计网站，帮助读者进阶学习。

本书可作为高等院校设计类专业相关课程的教材，也可作为社会各类培训学校的教材，还可供 Photoshop CS6 图像处理初学者自学使用。

◆ 主　　编　孔小丹　谢超宇
　　副 主 编　徐颢璞　原玉萍　郭亚晶
　　责任编辑　刘　佳
　　责任印制　王　郁　焦志炜
◆ 人民邮电出版社出版发行　　　北京市丰台区成寿寺路 11 号
　　邮编　100164　电子邮件　315@ptpress.com.cn
　　网址　https://www.ptpress.com.cn
　　涿州市京南印刷厂印刷
◆ 开本：787×1092　1/16
　　印张：15.25　　　　　　　　　2023 年 3 月第 3 版
　　字数：367 千字　　　　　　　2023 年 3 月河北第 1 次印刷

定价：59.80 元

读者服务热线：(010)81055256　印装质量热线：(010)81055316
反盗版热线：(010)81055315
广告经营许可证：京东市监广登字 20170147 号

前言 PREFACE

根据现代教学的需求，我们组织了一批有丰富教学经验和实践经验的优秀作者编写了本套"新形态立体化精品系列教材"。

本书为"新形态立体化精品系列教材"中的一本。下面从教学方法、教学内容、本书特色、教学资源 4 个方面简要介绍本书。

教学方法

本书采用"情景导入→课堂案例→项目实训→课后练习→技巧提升"5 段教学法，将职业场景、软件知识、行业知识有机结合，各个环节环环相扣，浑然一体。

- **情景导入**。本书围绕日常办公中的场景展开，以主人公的实习情景引入相应的教学主题，并贯穿于课堂案例的讲解中，让读者充分了解相关知识点在实际工作中的应用情况。本书设置的主人公如下。

  米拉：职场新人。

  洪钧威：人称"老洪"，米拉的顶头上司、职场引路者。

- **课堂案例**。本书以米拉的职场经历为主线，引入课堂案例，这些案例均来自职场，实用性非常强。在课堂案例中，不仅讲解案例涉及的软件知识，还通过"行业提示"小栏目介绍与案例相关的行业知识。在案例的制作过程中，还穿插有"多学一招"小栏目，以提升读者的软件操作技能，拓展知识面。

- **项目实训**。本书结合课堂案例讲解的知识点和实际工作的需要安排了项目实训。项目实训部分注重培养读者的自我总结和学习能力，因此只提供操作思路及步骤提示供参考，要求读者独立完成操作部分，充分锻炼读者的动手能力。此外，项目实训还给出了与本实训相关的知识，以帮助读者提升综合能力。

- **课后练习**。本书结合所讲内容给出难度适当的实际操作练习题，让读者强化和巩固所学知识。

- **技巧提升**。本书通过技巧提升部分深入讲解软件的操作技巧，让读者可以更便捷地操作软件，学到软件的更多高级功能。

教学内容

本书的教学目标是：循序渐进地帮助读者掌握 Photoshop CS6 图像处理的相关应用。本书共12章，可分为以下3部分的内容。

- **第1~6章**：主要讲解 Photoshop CS6 基础、创建和调整图像选区、绘制图像、修饰图像、图层的初级应用和添加文字等知识。

- **第7~11章**：主要讲解调整图像颜色和色调，蒙版、通道和3D图层的应用，路径和形状的应用，滤镜的应用，使用动作与输出图像等知识。

- **第12章**：使用Photoshop CS6 完成一个综合案例，该综合案例融合了前面所讲的知识和技巧，使读者进行Photoshop CS6 的综合练习。

本书特色

本书旨在帮助学生循序渐进掌握 Photoshop CS6 的相关应用，并能在完成案例的过程中融会贯通，本书具有以下特点。

（1）立德树人，德育为先

本书精心设计，因势利导，依据专业课程的特点采取了恰当方式自然融入中华传统文化、科学精神和爱国情怀等元素，注重挖掘其中的素养教育要素，将"为学"和"为人"相结合弘扬精益求精的专业精神、职业精神和工匠精神，培养学生的创新意识。

（2）校企合作，双元开发

本书由学校教师和设计师共同开发。由企业提供真实项目案例，由常年深耕教学一线，有丰富教学经验的教师执笔，将项目实践与理论知识相结合，体现了"做中学，做中教"等职业教育理念，保证了教材的职教特色。

（3）项目驱动，产教融合

本书精选企业真实案例，将实际工作过程真实再现到书中，在教学过程中培养学生的项目开发能力。以项目驱动的方式展开知识介绍，提升学生学习和认知的热情。

教学资源

本书教学资源包括以下几方面的内容。

- **素材文件与效果文件**：包含书中案例涉及的素材与效果文件。

- **模拟试题库**：包含丰富的关于 Photoshop CS6 的相关试题，读者可自行组合出不同的试卷进行测试。

- **PPT课件和教学教案**：包含PPT课件和Word文档格式的教学教案，方便教师顺利开展教学工作。

- **拓展资源**：包含图片设计素材、笔刷素材、形状样式素材等。

特别提醒：上述教学资源可在人民邮电出版社人邮教育社区（http://www.ryjiaoyu.com/）中搜索书名下载。

本书涉及的所有案例、实训、重要知识点都有对应的二维码，读者只需用手机扫描二维码即可观看对应的操作演示视频，以及知识点的讲解，方便读者灵活运用碎片时间学习。

本书由孔小丹、谢超宇任主编，徐颢璞、原玉萍、郭亚晶任副主编。虽然编者在编写本书的过程中倾注了大量心血，但恐百密之中仍有疏漏，恳请广大读者不吝赐教。

编 者

2023年1月

目录 CONTENTS

第4章 修饰图像 61

第5章 图层的初级应用 76

第6章 添加文字 99

第7章 调整图像颜色和色调 118

第8章 蒙版、通道和3D图层的应用 136

第12章 综合案例——设计促销海报　217

附录　229

第1章
Photoshop CS6 基础

01

情景导入

　　临近毕业，米拉决定找一份设计师助理的工作，她在网上投了简历。这个岗位对Photoshop操作有一定的要求，于是她开始学习Photoshop CS6的基础知识与操作。

学习目标

- 了解Photoshop的基础知识。
  包括Photoshop的应用领域与图像处理中的基本概念等。

- 掌握Photoshop CS6的基本操作，掌握"照片墙"图像的制作方法。
  包括Photoshop CS6工作界面，打开、关闭文件，新建图像文件，设置标尺、网格、参考线和绘图颜色等。

案例展示

▲制作"照片墙"图像

▲制作人物拼图

1.1 Photoshop的应用领域

据米拉所知，Photoshop是一款常用的图像处理软件，广泛应用于多个领域。为了更好地使用Photoshop，米拉决定先了解Photoshop的应用领域。

1.1.1 平面设计

Photoshop在平面设计中的应用非常广泛，如设计和制作招贴式宣传促销传单、POP（point of purchase，购物点）海报和公益广告宣传手册等具有丰富元素的平面印刷品。图1-1所示为使用Photoshop进行的平面设计。

图1-1　平面设计

1.1.2 插画设计

插画作为视觉表达艺术的一种形式，具有独特的表现力，利用Photoshop可以在计算机上模拟画笔绘制多样的插画，不但能制作出逼真的绘画效果，还能制作出画笔无法呈现的特殊效果，如图1-2所示。

图1-2　插画设计

1.1.3 网页设计

网页是使用多媒体技术在计算机与人之间建立的具有展示和交互功能的虚拟界面。利用

Photoshop可在平面设计理念的基础上设计网页，再将制作好的网页导入相应的动画软件中处理，制作出互动式网页。图1-3所示为使用Photoshop设计的网页。

图1-3　网页设计

1.1.4　界面设计

　　界面设计目前已受到越来越多企业和开发者的重视，从以前的软件界面和游戏界面，到现在的各种移动电子产品界面，它们绝大多数都是使用Photoshop设计的，如图1-4所示。使用Photoshop强大的渐变、图层样式和滤镜等功能可以制作出各种质感和特效，让界面富有变化。

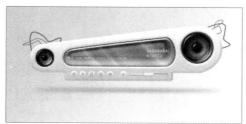

图1-4　界面设计

1.1.5　数码照片后期处理

　　Photoshop的图像调色及图像修饰等功能，在数码照片后期处理中发挥着巨大作用，为数码照片爱好者提供了广阔的发挥空间。运用这些功能，可以快速制作出很多照片特效，如图1-5所示。

图1-5　数码照片后期处理

1.1.6　效果图后期处理

　　通常，在完成三维效果图后，需要使用Photoshop进行后期处理，如添加颜色和调整颜色。这样不仅可以增强画面的美感，还可以节省渲染时间，如图1-6所示。

图1-6　效果图后期处理

1.1.7　电子商务

电子商务行业的飞速发展，使Photoshop在电子商务中的应用越来越广泛。店铺设计、店标设计、商品效果图处理、商品促销海报设计等，都需要通过Photoshop来完成。图1-7所示为使用Photoshop制作的淘宝商品海报。

图1-7　淘宝商品海报

1.2　图像处理中的基本概念

米拉投了设计师助理岗位的简历后就开始为面试做准备。在面试过程中，可能需要回答一些关于图像处理的基本问题，如位图与矢量图的区别、图像分辨率、图像的颜色模式和常用图像文件格式等。下面就来学习这些内容。

1.2.1　位图与矢量图

位图与矢量图是使用Photoshop前需要了解的基本概念，理解位图和矢量图的概念和区别有助于更好地学习和使用该软件。

1．位图

位图又称"像素图"或"点阵图"，是由多个像素组成的。将位图放大后，可以发现图像由大量的正方形小块（即像素）构成，不同的小块具有不同的颜色和亮度。图1-8所示为位图放大前后的对比效果。

2．矢量图

矢量图又称"向量图"，是以几何学方法进行内容运算、以向量方式记录的图形，矢量图以线条和色块为主。矢量图与分辨率无关，无论将矢量图放大多少倍，图形都具有同样平滑的边缘和清晰的视觉效果，不会出现锯齿状边缘。此外，矢量图文件小，通常只占用少量空间。矢量图在任何分辨率下均可正常显示和打印，且不会损失细节。因此，矢量图在标志设计、插图设计及工程绘图领域有很大的优势，其缺点是色彩简单，不容易表现色彩丰富的内容，也不便于在各种软件之间转换和使用。图1-9所示为矢量图放大前后的对比效果。

图1-8　位图放大前后的对比效果

图1-9　矢量图放大前后的对比效果

1.2.2　图像分辨率

图像分辨率是指单位面积内像素的数量，通常用"像素/英寸"（1英寸≈2.54厘米）或"像素/厘米"表示。分辨率的高低直接影响图像的显示效果。单位面积内的像素越多，分辨率越高，图像就越清晰。分辨率过低会导致图像粗糙，在打印时，图像会变得非常模糊；而分辨率过高则会增加文件的大小，降低图像的打印速度。

1.2.3　图像的颜色模式

图像的颜色模式是图像处理中非常重要的概念，常用的颜色模式有RGB颜色模式、CMYK颜色模式、Lab颜色模式、灰度模式、位图模式、双色调模式、索引颜色模式和多通道模式等。

颜色模式会影响图像的通道数量和文件大小，每个图像都具有一个或多个通道，每个通道都存放着图像中对应颜色元素的信息。图像默认的通道数取决于图像的颜色模式。在Photoshop CS6中选择"图像"/"模式"菜单命令，在弹出的子菜单中可以查看所有颜色模式，选择其中的命令可以切换至相应的颜色模式。下面介绍常用的颜色模式。

1．RGB颜色模式

RGB颜色由红、绿和蓝3种颜色按不同的比例混合而成。RGB颜色模式也称"真彩色模式"，是Photoshop默认的颜色模式，也是最常见的颜色模式。该颜色模式在"颜色"面板和"通道"面板中显示的颜色和通道信息如图1-10所示。

2．CMYK颜色模式

CMYK颜色模式是印刷领域使用的颜色模式，由青色、洋红、黄色和黑色4种颜色组成。为了避免和RGB颜色模式中的蓝色混淆，CMYK颜色模式中的黑色用K表示。若由Photoshop制作的图像需要印刷，则必须将其颜色模式转换为CMYK颜色模式。该颜色模式在"颜色"面板和"通道"面板中显示的颜色和通道信息如图1-11所示。

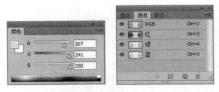
图1-10　RGB颜色模式对应的"颜色"面板和"通道"面板

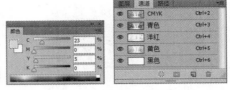
图1-11　CMYK颜色模式对应的"颜色"面板和"通道"面板

3．Lab颜色模式

Lab颜色模式是Photoshop在不同颜色模式之间转换时使用的内部颜色模式，它能确保图像毫无偏差地在不同系统和平台之间转换。该颜色模式有3个通道，一个代表亮度，另外两个代表颜色范围，分别用a、b表示。其中a通道包含的颜色从深绿色（低亮度值）到灰色（中亮度值）再到亮粉红色（高亮度值），b通道包含的颜色从亮蓝色（低亮度值）到灰色（中亮度值）再到焦黄色（高亮度值）。该颜色模式在"颜色"面板和"通道"面板中显示的颜色和通道信息如图1-12所示。

4．灰度模式

灰度模式只有灰度颜色而没有彩色颜色。在灰度模式的图像中，每个像素都有一个0（黑色）～255（白色）的亮度值。当把一个彩色图像的颜色模式转换为灰度模式时，图像中的色相及饱和度等信息消失，只留下亮度。该颜色模式在"颜色"面板和"通道"面板中显示的颜色和通道信息如图1-13所示。

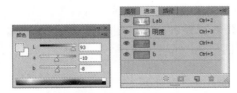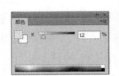
图1-12　Lab颜色模式对应的"颜色"面板和"通道"面板　　图1-13　灰度模式对应的"颜色"面板和"通道"面板

5．位图模式

位图模式使用黑、白两种颜色的值来表示图像中的像素。位图模式的图像也叫作黑白图像，其中的每个像素都是用1位的位分辨率来记录的，所需的磁盘空间最小。只有处于灰度模式或多通道模式下的图像，才能转换为位图模式的图像。

6．双色调模式

双色调模式支持用油墨颜色渲染灰度模式的图像。该颜色模式包括单色调、双色调、三色调和四色调4种类型，油墨颜色的种数取决于选择的类型。若选择类型为三色调，则可以选择3种油墨颜色来渲染灰度图像。在此颜色模式下，最多可向灰度模式的图像中添加4种油墨颜色。

7．索引颜色模式

索引颜色模式图像采用一个颜色表存放并索引图像中的颜色，该颜色表是系统预先定义好的一个含有256种典型颜色的颜色对照表。当将图像的颜色模式转换为索引颜色模式时，系统会将图像的所有颜色映射到颜色对照表中，图像的所有颜色都将在它的图像文件中被定义。打开该文件时，构成该图像的具体颜色的索引值都将被装载，然后根据颜色对照表找到相应的颜色值。

8．多通道模式

多通道模式包含多种灰阶通道。将图像的颜色模式转换为多通道模式后，系统将根据原图像产生相同数目的新通道，每个通道均由256级灰阶组成。该颜色模式常用于特殊打印。

在RGB颜色模式或CMYK颜色模式的图像中，将任何一个通道删除，该图像的颜色模式都会自动转换为多通道模式。

1.2.4　常用图像文件格式

Photoshop支持20多种图像文件格式，并可对这些文件格式的图像进行编辑和保存。在使用Photoshop制作图像时，可以根据工作环境的不同选用相应的图像文件格式，以获得理想的效果。下面介绍常用的图像文件格式。

- PSD（.psd）格式。它是由Photoshop生成的文件格式，是唯一能支持全部图像颜色模式的格式。以PSD格式保存的图像可以包含图层、通道、颜色模式等信息。
- TIFF（.tif、.tiff）格式。TIFF格式支持LZW压缩，可以实现无损压缩，主要用于在应用程序之间或计算机平台之间进行图像数据交换。TIFF格式图像可以转换为带Alpha通道的CMYK颜色模式、RGB颜色模式和灰度模式的图像，以及不带Alpha通道的Lab颜色模式、索引颜色模式和位图模式的图像。
- BMP（.bmp）格式。BMP格式用于选择当前图层的混合模式，使其与其他图层的图像混合。
- JPEG（.jpg、.jpeg）格式。JPEG格式是一种有损压缩格式，支持真彩色，生成的文件较小，是常用的图像格式。JPEG格式支持CMYK颜色模式、RGB颜色模式和灰度模式，但不支持Alpha通道。在生成JPEG格式的文件时，可以设置压缩的类型，产生不同大小和质量的文件。压缩率越高，图像文件就越小，图像质量就越差。
- GIF（.gif）格式。GIF格式的文件是8位图像文件，最多为256色，不支持Alpha通道。GIF格式的文件较小，常用于网络传输，在网页上见到的图像大多是GIF和JPEG格式的图像。GIF格式与JPEG格式相比的优势在于，GIF格式可以保存动画效果。
- PNG（.png）格式。PNG格式主要用于替代GIF格式。GIF格式的图像文件虽小，但图像质量较差。PNG格式可以使用无损压缩方式压缩文件。它支持24位图像，产生的透明背景没有锯齿边缘，可以生成质量较好的图像。
- EPS（.eps）格式。EPS格式可以包含矢量图形和位图图像，其最大的优点在于可以在排版软件中以低分辨率预览，而在打印时以高分辨率输出。该格式不支持Alpha通道，但支持裁切路径，以及Photoshop的所有颜色模式，可用来存储矢量图形和位图图像。在存储位图图像时，还可以将位图图像的白色像素设置为透明的效果。
- PCX（.pcx）格式。PCX格式是最早支持彩色图像的文件格式，最高可以支持256种彩色，显示256色的彩色图像。PCX格式可以用RLE压缩方式（RLE压缩的基本思路是把数据按照线性序列分成两种情况：一种是连续的重复数据块，另一种是连续的不重复数据块。RLE压缩的原理就是用一个表示块数的属性加上一个数据块代表原来连续的若干块数据，从而达到节省存储空间的目的）保存文件。PCX格式还支持RGB颜色模式、索引颜色模式、灰度模式和位图模式，但不支持Alpha通道。

- **PDF（.pdf）格式**。PDF格式是Adobe公司开发的用于Windows、Mac OS、UNIX和DOS的电子出版软件的文件格式。该格式的文件可以存储多页信息，其中包含图形和文件的查找和导航功能。因此，该格式的文件不需要经过排版软件处理就可获得图文混排的版面。由于该格式支持超文本链接，所以PDF格式是网络下载中常见的文件格式。
- **PICT（.pct）格式**。PICT格式广泛用于Macintosh图形和页面排版程序中，是应用程序间传递文件的中间文件格式。PICT格式支持带一个Alpha通道的RGB颜色模式和不带Alpha通道的索引颜色模式、灰度模式和位图模式。PICT格式对压缩具有大面积单色的图像非常有效。

1.3　初识Photoshop CS6

米拉发现，目前很多公司仍在使用Photoshop CS6，所以熟悉Photoshop CS6很有必要。本节将从打开文件、Photoshop CS6工作界面、关闭文件和退出软件等方面对Photoshop CS6展开介绍。

1.3.1　打开文件

用Photoshop CS6处理图像或进行设计时，打开文件是很常用的操作。打开文件的具体操作如下。

（1）选择"开始"/"所有程序"/"Adobe Photoshop CS6"菜单命令，启动Photoshop CS6，如图1-14所示。

（2）选择"文件"/"打开"菜单命令或按"Ctrl+O"组合键，打开"打开"对话框，在"查找范围"下拉列表框中找到要打开的文件所在的位置，选择要打开的文件，单击 打开(0) 按钮即可打开选择的文件，如图1-15所示。

图1-14　启动Photoshop CS6

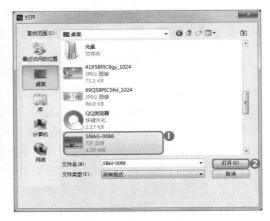

图1-15　打开文件

多学一招　其他打开文件的方式
双击任意后缀名为".psd"的文件，即可启动Photoshop CS6并打开所选文件。

1.3.2　Photoshop CS6工作界面

启动Photoshop CS6后，将打开其工作界面，如图1-16所示，其工作界面主要由菜单栏、工具箱、工具属性栏、面板组、图像窗口和状态栏组成。

图1-16　Photoshop CS6工作界面

1．菜单栏

菜单栏由"文件""编辑""图像""图层""文字""选择""滤镜""3D""视图""窗口""帮助"11个菜单组成，每个菜单均内置了多个菜单命令。如果菜单命令右侧有▶符号，表示该菜单命令下还包含子菜单。当某些菜单命令呈灰色显示时，表示其没有被激活，或当前不可用。菜单栏右侧有3个按钮，分别用于对工作界面进行最小化（▬）、最大化/还原（◻）和退出（✕）操作。图1-17所示为"文件"菜单。

多学
一招
工作界面快捷操作
在 Photoshop CS6 工作界面的菜单栏空白处双击，可快速将全屏模式的 Photoshop CS6 工作界面转换为窗口模式，再次在菜单栏空白处双击，可将其还原成全屏模式。

2．工具箱

工具箱集合了图像处理过程中会用到的各种工具，使用它们可以绘制图像、修饰图像、创建选区和调整图像显示比例等，如图1-18所示。工具箱的默认位置在工作界面的左侧，将鼠标指针移动到工具箱顶部，按住鼠标左键可将其拖动到工作界面中的其他位置。

单击工具箱顶部的折叠按钮▶▶，可以将工具箱中的工具双列排列。单击工具箱中的工具按钮，即可选择相应的工具。工具按钮右下角若有黑色小三角形，则表示该工具是一个工具组，其下还包含隐藏的工具。在该工具按钮上按住鼠标左键不放或单击鼠标右键，可显示该工具组中隐藏的工具。

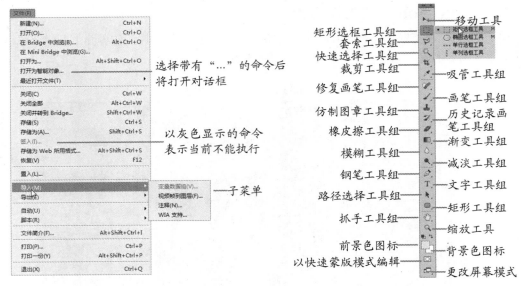

图1-17　"文件"菜单

图1-18　工具箱

3. 工具属性栏

工具属性栏用于设置当前所选工具的属性。工具属性栏默认位于菜单栏的下方。选择工具箱中的某个工具时，工具属性栏将变成相应工具的工具属性栏，用户可以利用它方便地设置该工具的属性。图1-19所示为画笔工具的工具属性栏。

拖动这里可调整工具属性栏的位置

图1-19　画笔工具的工具属性栏

4. 面板组

Photoshop CS6中的面板组默认显示在工作界面的右侧，是工作界面中非常重要的组成部分，用于进行选择颜色、编辑图层、新建通道、编辑路径和撤销编辑等操作。

选择"窗口"/"工作区"/"基本功能（默认）"菜单命令，将得到一个面板组，如图1-20所示。单击面板组右上方的灰色箭头按钮 ，可以将面板组设置为只有面板名称的缩略图，如图1-21所示，再次单击灰色箭头按钮 可以展开面板组。当需要显示某个面板时，单击该面板名称即可，如图1-22所示。选择"窗口"菜单，在弹出的菜单中选择相关的菜单命令，也可以打开对应的面板。

多学
一招

移动面板组

将鼠标指针移动到面板组的顶部标题栏处，将面板组拖动到图像窗口中并释放鼠标左键，可移动面板组。另外，拖动面板组中的选项卡，可将该面板拖离面板组。

5. 图像窗口

图像窗口是浏览和编辑图像的主要区域，所有的图像处理操作都是在图像窗口中进行的。图像窗口的上方是标题栏，标题栏可以显示当前文件的名称、格式、显示比例、颜色模式、所属通道和图层状态。如果该文件未存储过，则标题栏以"未命名"并加上数字作为文件名。另外，在Photoshop CS6中打开多个图像文件时，系统将以选项卡的方式排列和显示文件名称，以便切换查看和使用。

图1-20　面板组

图1-21　面板组缩略图

图1-22　显示面板

6．状态栏

状态栏位于图像窗口的底部，左侧区域显示当前图像的显示比例，在其中输入数值并按"Enter"键可改变图像的显示比例，状态栏中还显示了当前图像文件的大小。

1.3.3　关闭文件和退出软件

图像编辑完成后，可关闭文件，然后退出软件，以节约计算机资源。

1．关闭文件

关闭文件主要有以下4种方法。

- 单击图像窗口中标题栏右侧的"关闭"按钮 ✕ 。
- 选择"文件"/"关闭"菜单命令可关闭当前图像文件，选择"文件"/"关闭全部"菜单命令将关闭所有打开的图像文件。
- 按"Ctrl+W"组合键将关闭当前图像文件。
- 按"Ctrl+F4"组合键将关闭当前图像文件。

2．退出软件

退出Photoshop CS6主要有以下两种方法。

- 单击菜单栏右侧的"关闭"按钮 ✕ 。
- 选择"文件"/"退出"菜单命令。

1.4　课堂案例：制作"照片墙"图像

熟悉Photoshop CS6工作界面后，米拉发现比起自己之前学习的版本，Photoshop CS6增加了一些新功能。为了通过面试，米拉决定先学习Photoshop CS6的基本操作，练习制作"照片墙"图像，为面试做准备，最终效果如图1-23所示。下面具体讲解制作方法。

素材所在位置　素材文件\第1章\课堂案例\照片\
效果所在位置　效果文件\第1章\照片墙.psd

图1-23 "照片墙"图像最终效果

1.4.1 新建图像文件

要制作图像，必须先新建图像文件。新建图像文件的具体操作如下。

（1）选择"文件"/"新建"菜单命令或按"Ctrl+N"组合键，打开"新建"对话框。

（2）在对话框的"名称"文本框中输入"照片墙"，在"宽度"和"高度"文本框中分别输入"650"和"400"，在其后的下拉列表框中选择"像素"选项，设置图像文件的尺寸。

（3）在"分辨率"文本框中输入"72"，在其后的下拉列表框中选择"像素/英寸"选项，设置图像分辨率的大小。

（4）在"颜色模式"下拉列表框中选择"RGB颜色"选项，设置图像的颜色模式，在其后的下拉列表框中选择"8位"选项；在"背景内容"下拉列表框中选择"白色"选项，设置图像的背景颜色，如图1-24所示。

（5）单击　确定　按钮，新建一个图像文件，如图1-25所示。

图1-24 设置图像文件参数

图1-25 新建图像文件

1.4.2 设置标尺、网格和参考线

Photoshop CS6提供了多个辅助处理图像的工具，它们大多位于"视图"菜单中。这些工具对图像不起任何编辑作用，仅用于测量或定位图像，使图像处理操作更精确，从而提高工作效率。下面进行具体讲解。

1．设置标尺

标尺一般用于辅助确定图像的位置，当不需要使用标尺时，可以将标尺隐藏。设置标尺的具体操作如下。

（1）选择"视图"/"标尺"菜单命令或按"Ctrl+R"组合键，显示标尺，如图1-26所示。

（2）在标尺上单击鼠标右键，在弹出的快捷菜单中选择"像素"命令，将标尺单位设置为像素，如图1-27所示。

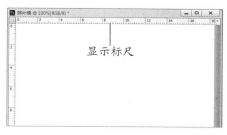

图1-26 显示标尺　　　　　　　图1-27 设置标尺单位

（3）再次选择"视图"/"标尺"菜单命令，或按"Ctrl+R"组合键隐藏标尺。

2．设置网格

网格主要用于辅助设计图像，使操作更加精确。下面设置网格，具体操作如下。

（1）选择"视图"/"显示"/"网格"菜单命令或按"Ctrl+'"组合键，在图像窗口中显示网格，如图1-28所示。

（2）按"Ctrl+K"组合键，打开"首选项"对话框，在左侧选择"参考线、网格和切片"选项，在右侧的"网格"选项组中设置网格的"颜色""样式""网格线间隔""子网格"等参数，如图1-29所示。

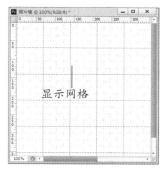

图1-28 显示网格

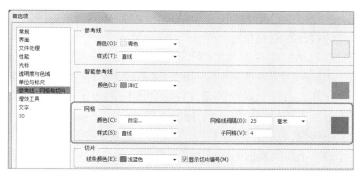

图1-29 设置网格的参数

3．设置参考线

参考线是浮动在图像上的直线，只用于给设计者提供参考位置，不会被打印出来。设置参考线的具体操作如下。

（1）选择"视图"/"新建参考线"菜单命令，打开"新建参考线"对话框。在"取向"选项组中选中 ◉ 垂直(V) 单选项，设置参考线方向，在"位置"文本框中输入"1像素"，设置参考线位置，单击 确定 按钮，如图1-30所示，新建一条垂直参考线，效果如图1-31所示。

（2）将鼠标指针移动到水平标尺上，向下拖动水平标尺至100像素处释放鼠标左键，新建水平参考线，如图1-32所示。

（3）选择"视图"/"显示"/"参考线"菜单命令，隐藏参考线，效果如图1-33所示。

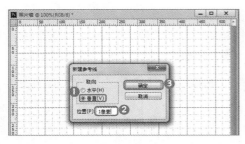

图 1-30　"新建参考线"对话框　　　　图1-31　新建垂直参考线

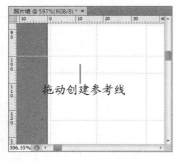

图 1-32　新建水平参考线　　　　图1-33　隐藏参考线

1.4.3　打开文件和置入图像

微课视频

打开文件和置入图像

处理图像时需要先打开相应的文件，或将所需的图像通过置入的方式置入图像窗口中，具体操作如下。

（1）选择"文件"/"打开"菜单命令或按"Ctrl+O"组合键，打开"打开"对话框。

（2）在对话框的"查找范围"下拉列表框中选择图像文件的路径，在中间的列表框中按住"Ctrl"键不放，选择"1.jpg""2.jpg"图像文件，单击 打开(O) 按钮，打开这两个图像文件，如图1-34所示。

（3）返回工作界面，可看到打开的"1.jpg""2.jpg"图像文件的显示效果。切换到"照片墙"图像窗口，选择"文件"/"置入"菜单命令，打开"置入"对话框，在对话框的"查找范围"下拉列表框中选择图像文件的路径，在中间的列表框中选择"照片墙背景.jpg"图像文件，单击 置入(P) 按钮，将图像置入"照片墙"图像窗口中，如图1-35所示。

图1-34　打开文件　　　　　　　　图1-35　置入图像

（4）返回工作界面，可看到置入的图像调整图像大小，如图1-36所示。

（5）在工具箱中选择移动工具 ，弹出"要置入文件吗？"提示框，单击 置入(P) 按钮，完成图像的置入，如图1-37所示。

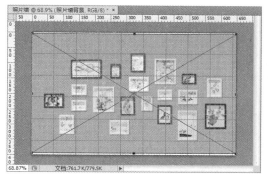

图1-36　调整图像大小

图1-37　完成图像的置入

1.4.4　编辑图像

在制作图像的过程中，有时需要对图像进行基本的编辑，让图像的大小、位置符合要求。下面编辑"1.jpg""2.jpg"图像文件，包括裁剪、移动、变换等，具体操作如下。

（1）切换到"1.jpg"图像窗口，在工具箱中选择裁剪工具 ，单击图像，此时图像上出现黑色的网格线和多个控制点。将鼠标指针移动到图像的下方，选择中间的控制点，当其呈 形状时，拖动鼠标指针裁剪图像，被裁剪的区域清晰度和对比度都降低，如图1-38所示。

（2）切换到"2.jpg"图像窗口，在工具箱中选择裁剪工具 ，在工具属性栏的"不受约束"下拉列表框中选择"大小和分辨率"选项。打开"裁剪图像大小和分辨率"对话框，在"宽度""高度""分辨率"文本框中分别输入"100""55""72"，单击 确定 按钮，如图1-39所示。

图1-38　裁剪图像

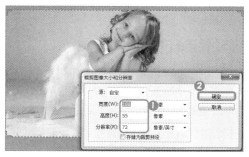

图1-39　自定义裁剪

（3）此时需裁剪的图像四周出现裁剪框，按住鼠标左键不放，拖动裁剪框中的图像调整裁剪区域，完成后选择移动工具 。弹出"要裁剪图像吗？"提示框，单击 裁剪(C) 按钮，完成裁剪操作。

（4）切换到"1.jpg"图像窗口，在"图层"面板中双击"背景"图层，在打开的对话框中单击 确定 按钮，将其转换为普通图层。在工具箱中选择移动工具 ，将鼠标指针移到"1.jpg"图像上，将其拖动到"照片墙"图像窗口中，如图1-40所示。

（5）切换到"照片墙"图像窗口，当鼠标指针变为▣形状后释放鼠标左键，"1.jpg"图像文件中的图像移动到"照片墙"图像窗口中的效果如图1-41所示。

图1-40　拖动图像　　　　　　　　　　　　图1-41　完成移动

（6）选择"编辑"/"自由变换"菜单命令或按"Ctrl+T"组合键，显示定界框、中心点和控制点（定界框是一种围绕在图像、形状和文本四周的矩形边框，定界框上的小矩形即控制点，中心点则是定界框的中点），拖动控制点可改变图像的大小。将鼠标指针移动到图像右下角的控制点上，按住"Shift"键不放并拖动图像，直到图像与背景图像中的相框契合，如图1-42所示，完成后按"Enter"键确认变换。

（7）切换到"2.jpg"图像窗口，将"背景"图层转换为普通图层，并将图像拖动到"照片墙"图像窗口中，调整其大小，完成后的效果如图1-43所示。

图1-42　变换图像　　　　　　　　　　　　图1-43　完成后的效果

1.4.5　设置绘图颜色

Photoshop CS6中的绘图颜色一般是通过前景色和背景色来实现的。下面讲解设置前景色和背景色，以及填充前景色和背景色的方法。

1. 设置前景色和背景色

前景色是指当前绘图工具的颜色，背景色是指图像的底色，即画布本身的颜色。用户可以通过拾色器、吸管工具▨和"色板"面板对二者进行设置。

● **通过拾色器设置。** 单击工具箱中的"设置前景色"图标■，打开"拾色器（前景色）"对话框，在对话框右侧的RGB颜色文本框中输入色值，或直接在色彩区域中选择需要的颜色，设置前景色，如图1-44所示。设置背景色的方法与此类似。

● **通过吸管工具设置。** 打开任意一幅图像，选择工具箱中的吸管工具▨，在其工具属性栏的"取样大小"下拉列表框中选择颜色取样方式，然后将鼠标指针移动到图像所需颜色上并单击，如图1-45所示，吸取的颜色会成为新的前景色。按住"Ctrl"

键不放并在图像上单击，即可将吸取的颜色作为新的背景色。

图1-44 "拾色器（前景色）"对话框

图1-45 吸取颜色

● 通过"色板"面板设置。选择"窗口"/"色板"菜单命令，打开"色板"面板，如图1-46所示。将鼠标指针移至色块上，当鼠标指针变为形状时，单击色块可设置前景色，按住"Ctrl"键不放并单击所需的色块可将其设为背景色。另外，将鼠标指针移至图像中，按"F8"键打开"信息"面板，"信息"面板中将显示鼠标指针所在位置像素点的色彩信息，如图1-47所示。

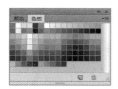

图1-46 "色板"面板

图1-47 "信息"面板

2．填充前景色和背景色

填充前景色和背景色的方法很简单，选择"编辑"/"填充"菜单命令，打开"填充"对话框，在"使用"下拉列表框中选择"前景色"选项，然后单击 确定 按钮即可。或选择"背景色"选项，然后单击 确定 按钮即可进行填充，如图1-48所示。也可以按"Ctrl+Delete"组合键以背景色填充图像，按"Alt+Delete"组合键以前景色填充图像。

图1-48 "填充"对话框

1.4.6 填充图层

在Photoshop CS6中新建一个图像文件后，系统会自动生成一个图层，用户可以通过各种工具对图层进行相应操作。图层是图像的载体，没有图层，就没有图像。一个图像通常是由若干个图层组成的，用户可以在不影响其他图层的情况下，单独对某个图层中的图像进行编辑、添加图层样式和更改图层的顺序与属性等操作，从而改变图像

微课视频

填充图层

的合成效果，具体操作如下。

（1）在"照片墙"图像窗口的"图层"面板中单击"创建新图层"按钮 ，新建一个图层，如图1-49所示。

（2）选择矩形选框工具 ，拖动鼠标指针绘制矩形选区，如图1-50所示。

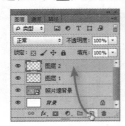 

图1-49　新建图层　　　　　　图1-50　绘制矩形选区

（3）单击工具箱中的前景色图标，打开"拾色器（前景色）"对话框。在该对话框右侧的"R""G""B"文本框中分别输入色值"255""186""179"，单击 确定 按钮，如图1-51所示。

（4）按"Alt+Delete"组合键为矩形选区填充前景色，填充完成后按"Ctrl+D"组合键取消选区。按照该方法，依次新建其他图层，绘制矩形选区，并为其填充颜色，填充效果如图1-52所示。

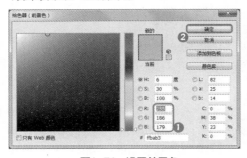 

图1-51　设置前景色　　　　　　图1-52　填充效果

多学一招　　　　　　　　　　**调整图层顺序**

　　图层的叠放顺序不同，图像的效果就会不同。将鼠标指针移动到图层上，拖动图层，"图层"面板中会出现一条黑线，黑线所在的位置就是释放鼠标左键后图层所在的位置。单击图层前面的 👁 按钮可显示或隐藏图层。

1.4.7　撤销与恢复操作

　　在编辑图像时常会出现操作失误的情况，使用Photoshop CS6的还原图像功能可轻松将图像还原为操作失误前的状态，即进行撤销与恢复操作。

1.　使用快捷键（组合键）或菜单命令进行撤销与恢复操作

　　编辑图像时，若发现有操作不当或操作失误的情况应立即撤销相应操作，然后重新编辑。可以通过下面几种方法进行撤销或恢复操作。

● 按一次"Ctrl+Z"组合键可以撤销最近一次进行的操作，再次按"Ctrl+Z"组合键可以恢复被撤销的操作。每按一次"Ctrl+Alt+Z"组合键可以向前撤销一步操作；

每按一次"Ctrl+Shift+Z"组合键可以向后恢复一步操作。

● 选择"编辑"/"还原"菜单命令可以撤销最近一次进行的操作，撤销后选择"编辑"/"重做"菜单命令可恢复该步操作。每选择一次"编辑"/"后退一步"菜单命令可以向前撤销一步操作，每选择一次"编辑"/"前进一步"菜单命令可以向后恢复一步操作。

2. 使用"历史记录"面板还原图像

如果在Photoshop CS6中对图像进行了误操作，还可以使用"历史记录"面板来恢复图像在某个阶段操作时的效果。用户只需要单击"历史记录"面板中的某个操作步骤，即可回到该步骤的状态，具体操作如下。

微课视频

使用"历史记录"
面板还原图像

（1）在面板组中单击"历史记录"按钮，打开"历史记录"面板，在其中可以看到之前对图像进行的操作，如图1-53所示。

（2）在其中单击"矩形选框"记录，可以将图像恢复到绘制矩形选框时的状态，这之后所做的填充颜色等操作将被撤销，且相应的操作记录都将变成灰色，如图1-54所示。撤销操作后，若没有进行新的操作，被撤销的操作还可恢复。

图1-53　查看历史记录

图1-54　撤销的操作记录

（3）在"历史记录"面板中单击"取消选择"记录，选择"文件"/"存储为"菜单命令，打开"存储为"对话框。在"保存在"下拉列表框中设置图像文件的存储路径，在"文件名"文本框中输入其文件名，在"格式"下拉列表框中设置图像文件的存储类型，单击 保存(S) 按钮保存图像文件，如图1-55所示。

图1-55　保存图像文件

1.5 课堂案例：查看"风景"图像并调整其大小

通过前面的学习，米拉觉得要通过面试，还需要熟悉查看图像和调整图像大小的方法。

素材所在位置 素材文件\第1章\课堂案例\风景.jpg
效果所在位置 效果文件\第1章\风景.jpg

1.5.1 切换图像文件

在Photoshop CS6中打开的图像文件以选项卡的方式排列，也可将其以单一窗口的方式排列。将鼠标指针移动到图像文件选项卡上，按住鼠标左键并向下拖曳鼠标指针即可将图像文件的排列方式切换为窗口排列方式。切换图像文件的方法主要有以下两种。

● 在图像文件选项卡上单击，即可切换到对应的图像文件，如图1-56所示。
● 选择"窗口"菜单，在弹出的菜单底部选择需要切换到的图像文件即可完成切换，如图1-57所示。

图1-56 通过选项卡切换图像文件　　　　图1-57 通过"窗口"菜单切换图像文件

1.5.2 快速查看图像

使用Photoshop CS6设计图像时，还应熟悉如何快速查看图像，以提高工作效率，其中包括使用导航器查看、使用缩放工具 查看和使用抓手工具 查看等。

1．使用导航器查看

在"导航器"面板中可以精确设置图像的缩放比例，具体操作如下。

微课视频
使用导航器查看

（1）选择"文件"/"打开"菜单命令，打开"风景.jpg"图像文件。
（2）在面板组中单击"导航器"按钮 ，打开"导航器"面板，在该面板中会显示当前图像的预览效果，按住鼠标左键左右拖动"导航器"面板底部滑动条上的滑块，可缩小或放大图像，如图1-58所示。
（3）"导航器"面板中的图像预览区中会显示一个红色的矩形框，表示在当前图像窗口中只能观察到矩形框内的图像。将鼠标指针移动到矩形框内，此时鼠标指针变成 形状，拖动鼠标指针，可调整图像的显示区域，如图1-59所示。

图1-58　左右拖动滑块调整图像缩放比例

图1-59　调整图像显示区域

2．使用缩放工具查看

使用缩放工具 🔍 可放大和缩小图像，具体操作如下。

（1）在工具箱中选择缩放工具 🔍，在图像上按住鼠标左键向右拖动鼠标指针可放大图像，如图1-60所示。

（2）也可直接选择缩放工具 🔍 后通过单击放大图像。此外，按住"Alt"键，当鼠标指针变为 🔍 形状时，每单击一次图像，图像便缩小到上一个预设百分比大小，如图1-61所示。当图像达到可缩小的最小级别时，鼠标指针显示为 🔍 形状。

图1-60　放大图像

图1-61　缩小图像

> **多学一招**
>
> **缩放工具工具属性栏中的主要按钮**
>
> 在工具箱中选择缩放工具 🔍 后，在其工具属性栏中单击 实际像素 按钮，图像将以实际像素大小显示；单击 适合屏幕 按钮，图像将以最适合屏幕大小的方式显示；单击 填充屏幕 按钮，图像将填充满整个屏幕。

3．使用抓手工具查看

使用工具箱中的抓手工具 🖐 可以在图像窗口中移动图像，具体操作如下。

（1）使用缩放工具 🔍 放大图像，如图1-62所示。

（2）在工具箱中选择抓手工具 🖐，在图像窗口中按住鼠标左键拖动鼠标指针，可以查看图像窗口中未显示的图像，如图1-63所示。

> **多学一招**
>
> **图像的显示比例与图像实际尺寸**
>
> 图像的显示比例与图像实际尺寸是有区别的，图像的显示比例是指图像上的像素与屏幕的比例关系，与实际尺寸无关。改变图像的显示比例是为了方便操作，与图像本身的分辨率及尺寸无关。

图1-62　放大图像

图1-63　使用抓手工具移动图像

1.5.3　调整图像

下面介绍图像大小、图像画布大小的调整，以及裁剪图像的操作。

1．调整图像大小

在新建图像文件时，"新建"对话框右侧会显示当前新建图像文件的基本信息。图像文件创建完成后，如果需要调整图像大小，可选择"图像"/"图像大小"菜单命令，打开"图像大小"对话框，在其中进行设置，如图1-64所示。

"图像大小"对话框中选项的含义如下。

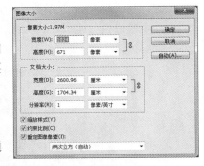

图1-64　"图像大小"对话框

- **"像素大小"选项组与"文档大小"选项组。** 可通过在相应文本框中输入数值来改变图像大小。
- **缩放样式(Y)复选框。** 勾选该复选框，可以保证图像中的各种样式（如图层样式等）按比例缩放。
- **约束比例(C)复选框。** 勾选该复选框，"宽度"文本框和"高度"文本框后将出现链接标志，表示改变其中一项设置时，另一项也将等比例改变。
- **重定图像像素(I):复选框。** 勾选该复选框后可以改变像素的大小。

2．调整图像画布大小

利用"画布大小"菜单命令可以精确设置图像的画布大小，具体操作如下。

微课视频

调整图像画布大小

（1）选择"图像"/"画布大小"菜单命令，打开"画布大小"对话框，其中显示当前画布的宽度为1 024像素，高度为671像素，默认定位位置为中央（表示更改画布大小时，以画布中心为基点），如图1-65所示。

（2）单击↑按钮，在"高度"文本框中输入"900"，其余设置不变，调整后的画布大小如图1-66所示。

"画布大小"对话框中选项的含义如下。

- **"当前大小"选项组。** 显示当前画布的实际大小。
- **"新建大小"选项组。** 该选项组用于设置调整后画布的宽度和高度，默认为当前画布大小。如果设定的画布宽度和高度大于图像的尺寸，则会在原图像的基础上增大画布面积。反之则减小画布面积。

图1-65　当前画布大小　　　　图1-66　调整后的画布大小

● 相对(R)复选框。勾选该复选框，"新建大小"选项组中的"宽度"文本框和"高度"文本框表示在原画布的基础上增大或减小的尺寸（而非调整后的画布尺寸），正值表示增大尺寸，负值表示减小尺寸。

3．裁剪图像

使用工具箱中的裁剪工具可以对图像进行裁剪，从而方便、快捷地获得需要的图像尺寸。裁剪工具的工具属性栏如图1-67所示。裁剪工具的工具属性栏中选项的含义如下。

图1-67　裁剪工具的工具属性栏

● 不受约束按钮。单击该按钮，在弹出的下拉列表中可选择不同裁剪宽度和高度选项。选择"不受约束"选项，可自由调整裁剪框的大小；选择"原始比例"选项，可在调整裁剪框时始终保持图像原始长宽比例；也可选择"预设长宽比"选项下的"4×3"或"5×7"选项，或在该按钮右侧的文本框中输入精确的数值。

● "旋转裁剪框"按钮。单击该按钮，裁剪框将自动在横向与纵向之间旋转切换。

● "拉直"按钮。单击该按钮后，可在图像上画一条线来拉直图像。

● "视图"按钮。单击该按钮，在弹出的下拉列表中可选择并设置裁剪工具的视图选项。

● 删除裁剪的像素复选框。勾选该复选框，可删除裁剪框外部的像素数据；取消勾选该复选框，可保留裁剪框外部的像素数据。

在工具箱中选择裁剪工具，将鼠标指针移动到图像窗口中，按住鼠标左键并拖动裁剪框，框选要保留的图像区域，如图1-68所示。保留区域四周有控制点，拖动控制点可调整保留区域的大小，如图1-69所示。

图1-68　框选保留区域　　　　图1-69　调整保留区域大小

1.6 项目实训

1.6.1 制作寸照效果

1．实训目标

将提供的照片制作成寸照效果，要求图像清晰，满足各种证件对寸照的要求。在本实训中，照片处理前后的对比效果如图1-70所示。

素材所在位置 素材文件\第1章\项目实训\照片.jpg
效果所在位置 效果文件\第1章\项目实训\照片.jpg

图1-70 照片处理前后的对比效果

2．相关知识

照片的尺寸一般以英寸为单位，为了方便使用，可将其换算成厘米。通用标准照片尺寸有较严格的规定，目前国际通用的照片尺寸如下。

● 1英寸证件照的尺寸为3.6厘米×2.7厘米。
● 2英寸证件照的尺寸为3.5厘米×5.3厘米。
● 5英寸（最常见的照片尺寸）照片的尺寸为12.7厘米×8.9厘米。
● 6英寸照片的尺寸为15.2厘米×10.2厘米。
● 7英寸照片的尺寸为17.8厘米×12.7厘米。
● 12英寸照片的尺寸为30.5厘米×25.4厘米。

3．操作思路

本实训主要使用裁剪工具 对照片进行裁剪和调整，操作思路如图1-71所示。

① 打开素材   ② 裁剪照片   ③ 完成裁剪

图1-71 制作寸照的操作思路

【步骤提示】

（1）打开"照片.jpg"图像文件，在工具箱中选择裁剪工具 **口** 。

（2）在裁剪工具 **口** 的工具属性栏的对应文本框中输入1英寸照片的尺寸。

（3）创建裁剪区域，然后将裁剪区域拖动到合适位置后释放鼠标左键。

（4）单击 **✓** 按钮完成寸照的制作。

1.6.2 为室内装修图换色

1．实训目标

对室内装修图中墙壁的颜色效果进行调整，然后将图像裁剪为4∶5的比例，使其更美观。在本实训中，室内装修图处理前后的对比效果如图1-72所示。

素材所在位置 素材文件\第1章\项目实训\室内.jpg

效果所在位置 效果文件\第1章\项目实训\室内.jpg

微课视频

为室内装修图换色

图1-72 室内装修图处理前后的对比效果

2．相关知识

室内装修设计是与Photoshop关系比较密切的行业，通常客户在进行室内装修之前，会向装修公司说明自己的装修要求，装修公司会根据客户的要求设计相应的效果图，供客户查看和选择。

室内装修一般包括房间设计、装修、家具布置等，而在前期准备中，大到房间布局，小到饰品摆放，都可以通过Photoshop来完成设计。

3．操作思路

本实训主要使用魔棒工具 **◆** 和裁剪工具 **口** 。首先打开素材，为墙壁创建选区，然后填充颜色；最后使用裁剪工具 **口** 将其裁剪成合适的比例，操作思路如图1-73所示。

① 打开素材并创建选区 　② 更改墙壁颜色并裁剪图像 　③ 完成裁剪

图1-73 室内装修图换色的操作思路

【步骤提示】

（1）打开"室内.jpg"图像文件，在工具箱中选择魔棒工具，单击墙壁空白区域，为墙壁创建选区。

（2）打开"拾色器（前景色）"对话框，设置前景色为（R:49,G:90,B:104），为选区填充前景色。

（3）选择裁剪工具📐，按4：5的比例裁剪图像。

1.7 课后练习

本章主要介绍了Photoshop CS6的基础知识，包括图像处理的基本概念、Photoshop CS6的工作界面、辅助工具的使用、图像的基本操作等内容。读者应认真学习和掌握本章的内容，为后面设计和处理图像打下坚实的基础。

练习1：制作人物拼图

将一张人物照片制作成拼图效果，制作前后的对比效果如图1-74所示。

素材所在位置　素材文件\第1章\课后练习\人物.jpg
效果所在位置　效果文件\第1章\课后练习\人物.psd

微课视频
制作人物拼图

图1-74　制作前后的对比效果

【步骤提示】

（1）打开"人物.jpg"图像文件，使用参考线将图像分成9份。

（2）新建一个850像素×650像素的图像文件，将其背景色填充为（R:225,G:227,B:227）。

（3）按照参考线的划分，使用矩形选框工具▥依次在"人物.jpg"图像窗口中创建选区，然后使用移动工具▸╋将选区内的图像移动到新建的图像文件中。

（4）排列人物拼图的各个部分，排列完成后保存图像文件。

练习2：调整和查看图像

打开一张风景图像，将其放大，使用抓手工具✋对图像进行查看。

素材所在位置　素材文件\第1章\课后练习\风景.jpg

【步骤提示】

（1）打开"风景.jpg"图像文件。

（2）使用缩放工具 🔍 将图像放大，然后使用导航器查看图像的局部细节。

（3）使用抓手工具 ✋ 移动图像，依次查看图像的各个部分。

微课视频
调整和查看图像

1.8 技巧提升

1. 复制和粘贴图像

将图像粘贴到另一张图像中，可使图像效果更加丰富，方法为：打开需要复制和粘贴的图像，在要复制的图像中按"Ctrl+A"组合键选择图像，选择"编辑"/"拷贝"菜单命令或按"Ctrl+C"组合键，切换到另一个图像，选择"编辑"/"粘贴"菜单命令或按"Ctrl+V"组合键完成粘贴操作。

2. 新建和删除参考线

选择"视图"/"新建参考线"菜单命令，在打开的对话框中设置参数，即可新建参考线。首先选择"视图"/"标尺"菜单命令显示出标尺，然后将鼠标指针移动到标尺上，按住鼠标左键不放，向图像窗口拖动到合适位置后释放鼠标左键，可新建参考线。要删除所有的参考线，可选择"视图"/"清除参考线"菜单命令。要删除某一条参考线，用移动工具 ➤ 将该参考线拖出标尺外后释放鼠标左键即可。

3. 适合设计和处理图像的颜色模式

如果图像要用于印刷，则要将图像设置为CMYK颜色模式，如果图像已经是其他颜色模式，在输出印刷之前，需要将其颜色模式转换为CMYK颜色模式。

4. 更改Photoshop CS6的历史记录数

Photoshop CS6的历史记录最多可保留20条。选择"编辑"/"首选项"/"性能"菜单命令，在打开的对话框中可更改历史记录数。需要注意的是，设置的历史记录数越多，在处理图像时，系统的运行速度越慢。

第 2 章
创建和调整图像选区

情景导入

　　接到面试通知后，米拉来到公司面试，面试官老洪看了米拉的作品，觉得米拉比较有潜力，于是给米拉出了两道考题。

学习目标

● 掌握商品图片的抠取方法。
　　包括快速选择工具组、套索工具组和"色彩范围"菜单命令的使用。

● 掌握包装盒立体展示效果的制作方法。
　　包括选区的变换、羽化、描边等操作。

案例展示

▲抠取一组商品图片

▲制作包装盒立体展示效果

2.1 课堂案例：抠取一组商品图片

老洪给米拉出的第一道考题是：根据提供的素材抠取一组商品图片，并将其放入合适的背景中。要完成该考题，需要使用工具和菜单命令创建选区。其中工具包括快速选择工具 、套索工具 ，菜单命令包括"色彩范围"菜单命令。本案例完成后的参考效果如图2-1所示，下面具体讲解操作方法。

素材所在位置 素材文件\第2章\课堂案例1\商品图片\
效果所在位置 效果文件\第2章\商品效果\

图2-1 本案例完成后的参考效果

> **行业提示**
>
> **网店商品图片应达到的要求**
>
> 图片美化是网店商品图片优化的重要内容，在美化的基础上，还应保证图片的清晰度和真实性。此外，网店商品图片一般有固定的尺寸，因此用户在新建图像文件时，需按照相应的尺寸要求进行设置，如商品主图通常为800像素×800像素，全屏海报通常为1920像素×400像素、1920像素×600像素等。

2.1.1 使用快速选择工具组创建选区

快速选择工具组包括快速选择工具 和魔棒工具 ，通过它们可快速创建一些有特殊效果的图像选区。下面打开"商品图片1.jpg"和"商品图片2.jpg"图像文件，分别使用快速选择工具 和魔棒工具 为图像创建选区，并将抠取得到的图像添加到背景中。

微课视频

使用快速选择工具创建选区

1. 使用快速选择工具创建选区

选择快速选择工具 ，在选取图像的同时按住鼠标左键拖动，可以选择更多相似或颜色相同的图像，适合在颜色反差强烈的图像中创建选区。下面打开"商品图片2.jpg"图像文件并使用快速选择工具 为图像创建选区，最后将选区中的图像应用到"背景2.jpg"图像文件中，具体操作如下。

（1）打开"商品图片2.jpg"图像文件，在工具箱中选择快速选择工具，将鼠标指针移动至图像上，此时鼠标指针变为形状。在图像中的手提包部分拖动鼠标指针，创建选区，如图2-2所示。

（2）继续拖动鼠标指针，直至将整个手提包的轮廓都变为选区，在工具属性栏中单击"添加到选区"按钮，在该按钮后的"画笔"下拉列表框中设置选区画笔的大小为"15像素"。此时鼠标指针变为形状，在手提包的角位置的边线处按住鼠标左键不放并进行拖动，将其添加到之前创建的选区内，如图2-3所示。

图2-2　创建选区　　　　　　　　　　　　　图2-3　添加到选区

（3）在工具属性栏中单击"从选区减去"按钮，此时鼠标指针变为形状，按住鼠标左键不放，在需要减去的选区处拖动鼠标指针，将其从选区中减去，如图2-4所示。

（4）在图像窗口中按住"Alt"键不放，向前滚动鼠标滚轮，放大图像的显示比例。查看图像的选区，并使用相同的方法绘制选区细节，如图2-5所示。

图2-4　从选区减去　　　　　　　　　　　　图2-5　绘制选区细节

（5）完成选区的绘制后按住"Alt"键不放，向后滚动鼠标滚轮，将图像缩小到适合的比例，查看选区效果。在工具属性栏中单击 调整边缘… 按钮，如图2-6所示，打开"调整边缘"对话框。

（6）设置"边缘检测"选项组下方的"半径"为"2像素"；设置"调整边缘"选项组下方的"平滑"为"10"、"羽化"为"1像素"、"对比度"为"20%"；在"输出"选项组的"输出到"下拉列表框中选择"图层蒙版"选项，完成输出位置的设置；单击

确定 按钮，完成边缘的调整，如图2-7所示。

（7）返回图像窗口，可发现选区的图像单独显示在图层蒙版中，查看抠取后的手提包效果。

（8）打开"背景2.jpg"图像文件，切换至"商品图片2.jpg"图像窗口，将鼠标指针移动到绘制的选区中，将选区中的图像拖动到"背景2.jpg"图像窗口中。完成后按住"Alt"键不放并拖动，复制出一个相同大小的手提包，调整位置。按"Ctrl+S"组合键，打开"保存为"对话框，将其保存为"商品效果2.psd"，完成后的效果如图2-8所示。

图2-6　完成选区的绘制　　　　　　　　　　图2-7　调整边缘

图2-8　完成后的效果

**多学
一招**

使用快速选择工具创建选区的技巧

调整图像显示比例后，选区画笔的大小也会随之改变，此时可在英文输入法状态下，按"["键减小选区画笔的大小，或按"]"键增加选区画笔的大小，使其更符合选区的绘制要求。在快速选择工具 的工具属性栏中，不仅可以设置选区画笔的大小，还可以设置选区画笔的硬度、间距、角度、圆度等，使绘制的选区更契合图像轮廓。

2．使用魔棒工具创建选区

魔棒工具 通常用于选取图像中颜色相同或相近的区域。下面打开"商品图片1.jpg"图像文件，使用魔棒工具 创建选区，最后将选区中的图像应用到"背景1.jpg"中，具体操作如下。

（1）打开"商品图片1.jpg"图像文件，在工具箱中的快速选择工具组上单击鼠标右键，选择魔棒工具 ，当鼠标指针呈 形状时，在白色区域处单击，如图2-9所示。

微课视频

使用魔棒工具创建
选区

（2）在工具属性栏中单击"添加到选区"按钮█，或按住"Shift"键不放，此时鼠标指针变为█形状，在手提包其他需要添加选区的位置单击，添加选区，让选区框选住整个手提包，如图2-10所示。若在添加过程中添加了多余的区域，则可在工具属性栏中单击"从选区减去"按钮█，减去多余的区域。

图2-9　在白色区域处单击　　　　　　　　　　图2-10　添加选区

（3）选择"选择"/"反向"菜单命令，或按"Shift+Ctrl+I"组合键，反向选择选区，如图2-11所示。查看反向选择选区后的区域，按"Ctrl+J"组合键，将该选区中的图像复制到新的图层中。

（4）打开"背景1.jpg"图像文件，将抠取得到的图像拖动到"背景1.jpg"图像窗口中，双击商品图像打开"图层样式"对话框，勾选"☑ 投影"复选框，设置"不透明度"为"42%"，其他保持默认设置不变，单击████按钮，调整位置并查看添加后的效果。按"Ctrl+S"组合键，打开"保存为"对话框，将其命名为"商品效果1.psd"，完成商品图像的抠取操作，完成后的效果如图2-12所示。

图2-11　反向选择选区　　　　　　　　　　图2-12　完成后的效果

2.1.2　使用套索工具组创建选区

套索工具组主要由套索工具█、磁性套索工具█、多边形套索工具█组成。下面介绍利用套索工具组创建选区的方法。

1. 使用套索工具创建选区

使用套索工具█创建选区如同使用画笔在图纸上绘制线条一样，可以创建不规则的选区。下面打开"商品图片4.jpg"图像文件，使用套索工具█为该图像创建选区，最后将选区中的图像应用到"背景4.jpg"图像文件中，具体操作如下。

（1）打开"商品图片4.jpg"图像文件，按住"Alt"键不放，滚动鼠标滚轮调整图像的显示比例，在工具箱中选择套索工具█，如图2-13所示。

微课视频

使用套索工具创建选区

（2）将鼠标指针移动到选区的起始位置，按住鼠标左键不放并沿皮包边缘拖动鼠标指针，框选整个皮包，如图2-14所示。

图2-13　选择套索工具

图2-14　绘制选区

（3）在工具属性栏中单击"从选区减去"按钮，此时鼠标指针变为形状，按住"Alt"键不放，滚动鼠标滚轮放大图像，在多余区域拖动鼠标指针，将该多余选区减去，如图2-15所示。

（4）使用相同的方法，减去其他多余选区。在绘制选区的过程中，可在工具属性栏中单击"添加到选区"按钮，将图像放大，选择未被选择的区域，使其与前面选择的选区合并，如图2-16所示。

图2-15　减去多余选区

图2-16　添加到选区

（5）按"Ctrl+J"组合键，将选区中的图像复制到新的图层中。打开"背景4.jpg"图像文件，将抠取得到的图像拖动到"背景4.jpg"图像窗口中，调整位置并查看效果。按"Ctrl+S"组合键打开"保存为"对话框，将其保存为"商品效果4.psd"，完成商品图像的抠取操作，完成后的效果如图2-17所示。

图2-17　完成后的效果

2．使用磁性套索工具创建选区

磁性套索工具可以自动捕捉图像色彩对比明显的图像边界，从而快速创建选区。下面打开"商品图片3.jpg"图像文件，使用磁性套索工具为该图像创建选区，最后将选区中的图像应用到"背景3.jpg"图像文件中，具体操作如下。

（1）打开"商品图片3.jpg"图像文件，在套索工具组上单击鼠标右键，选择磁性套索工具 。此时鼠标指针变为 形状，按住"Alt"键不放并滚动鼠标滚轮，将图像放大，如图2-18所示。

（2）将鼠标指针移动至需要绘制选区的起始点，单击确定选区的起始点，拖动鼠标指针，此时产生一条套索线并自动附着在对比度较大的图像周围。继续拖动鼠标指针直到回到起始点处，按"Enter"键，完成选区的创建，如图2-19所示。

图2-18　放大图像

图2-19　创建选区

（3）在工具属性栏中单击"从选区减去"按钮 ，此时鼠标指针变为 形状，减去多余选区，如图2-20所示。按"Ctrl+J"组合键，将选区中的图像复制到新的图层中。

（4）打开"背景3.jpg"图像文件，将抠取得到的图像拖动到"背景3.jpg"图像窗口中，双击商品图像打开"图层样式"对话框，勾选" 投影 "复选框，设置"不透明度"为"39%"，设置"距离"为"9像素"，单击 确定 按钮，调整位置并查看效果，将其保存为"商品效果3.psd"，完成后的效果如图2-21所示。

图2-20　减去选区

图2-21　完成后的效果

3．使用多边形套索工具创建选区

使用多边形套索工具 可以将图像中规则的对象从复杂的背景中选择出来，还可以绘制具有直线段或折线样式的多边形选区，让选区更加精确。多边形套索工具 常用于抠取形状规则的对象，具体操作如下。

（1）打开"商品图片5.jpg"图像文件，在工具箱中选择多边形套索工具 ，在图像中单击创建选区的起始点，沿着需要选取的图像区域移动鼠标指针，如图2-22所示。

（2）当鼠标指针移动到转折点时，单击确定一个顶点。当回到起始点时，鼠标指针右下角将出现一个小的圆圈，单击可生成最终的选区，如图2-23所示。

（3）打开"背景5.psd"图像文件，将抠取得到的图像拖动到"背景5.jpg"图像窗口中，双击商品图像打开"图层样式"对话框，勾选" 投影 "复选框，在"不透明度""距离"

文本框中分别输入"64""12像素",单击 确定 按钮。复制商品图像,调整角度和位置并查看效果。将其保存为"商品效果5.psd",完成后的效果如图2-24所示。

图2-22 创建选区

图2-23 最终的选区

图2-24 完成后的效果

2.1.3 使用"色彩范围"菜单命令创建选区

"色彩范围"菜单命令与魔棒工具 的作用比较相似,但它的功能更加强大。使用该命令可以选取图像中某一颜色区域内的图像或整个图像中指定的颜色区域。下面打开"商品图片6.jpg"图像文件,使用"色彩范围"菜单命令通过创建选区选取深蓝色区域内的图像,具体操作如下。

（1）打开"商品图片6.jpg"图像文件,选择"选择"/"色彩范围"菜
 单命令,打开"色彩范围"对话框,单击选中 图像(M) 单选项,以便在对话框中查看原图
 像。在"选择"下拉列表框中选择"取样颜色"选项,然后将鼠标指针移动到图像的深
 蓝色区域,当鼠标指针呈 形状时单击,设置选区的颜色为深蓝色,如图2-25所示。

（2）单击选中 选择范围(E) 单选项,在"颜色容差"文本框中输入"150",分别单击右侧的
 "添加到取样"按钮 和"从取样中减去"按钮 调整色彩的范围,让黑白的对比更
 明显,单击 确定 按钮完成设置,如图2-26所示。

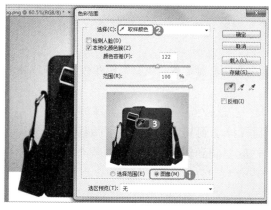

图2-25 "色彩范围"对话框

图2-26 选取色彩范围

（3）返回图像窗口，完成选区的创建。按"Ctrl+J"组合键将选区中的图像复制到新图层中，打开"背景6.jpg"图像文件，将抠取得到的图像拖动到"背景6.jpg"图像窗口中，调整位置并查看效果。将其保存为"商品效果6.psd"，完成后的效果如图2-27所示。

图2-27　完成后的效果

2.2　课堂案例：制作包装盒立体展示效果

老洪给米拉出的第二道考题是将制作好的包装盒平面图像处理成立体展示效果。完成该考题，除了需要创建选区外，还涉及选区的调整、变换、复制和移动等操作。本案例的参考效果如图2-28所示，下面具体讲解其制作方法。

素材所在位置　素材文件\第2章\课堂案例2\包装盒平面.psd
效果所在位置　效果文件\第2章\包装盒立体展示效果.psd

图 2-28　包装盒立体展示参考效果

扫一扫

包装盒立体展示效果
高清彩图

行业
提示
　　制作包装盒立体展示效果的注意事项
　　① 商标是商品的"身份"标识。在制作包装立体展示效果过程中，商标是必不可少的展示内容。
　　② 在制作包装盒立体展示效果时，最好先创建参考线，这样有利于增强立体效果。

2.2.1　复制和移动选区内的图像

创建选区后，可以将选区中的图像复制或移动到其他图像中进行编辑，得到需要的效果。下面在包装盒平面中创建选区，然后将选区复制到新建的图像中，具体操作如下。

（1）新建一个图像文件，设置"宽度""高度""分辨率""颜色模式""背景内容"分别为"110毫米""80毫米""300像素/英寸""RGB颜色""白色"，并将其保存为"包装盒立体展示效果.psd"。

（2）选择"视图"/"标尺"菜单命令，在图像窗口中显示出标尺，将鼠标指针移动到水平标尺上，按住鼠标左键并向下拖动，创建一条水平参考线，如图2-29所示。

（3）将鼠标指针移动到垂直标尺上，按住鼠标左键并向右拖动，创建一条垂直参考线，如图2-30所示。

（4）使用同样的方法创建多条参考线，效果如图2-31所示。

微课视频

复制和移动选区内的图像

图2-29　创建水平参考线

图2-30　创建垂直参考线

图2-31　创建多条参考线

（5）打开"包装盒平面.psd"图像文件，在工具箱中选择矩形选框工具，沿参考线绘制出包装盒封面所在的区域，如图2-32所示，创建矩形选区后按"Ctrl+C"组合键复制选区内的图像。

（6）切换到"包装盒立体展示效果.psd"图像窗口，按"Ctrl+V"组合键粘贴选区内的图像，并生成"图层1"图层，如图2-33所示。

图2-32　创建矩形选区

图2-33　粘贴选区内的图像

2.2.2　变换选区

下面变换从"包装盒平面图.psd"图像窗口中复制得到的图像，然后为包装的其他部分变换选区，具体操作如下。

（1）按"Ctrl+T"组合键进入自由变换状态，在按住"Ctrl"键的同时分别拖动各个控制点，对图像进行透视变换，效果如图2-34所示，按"Enter"键确认变换。

（2）切换到"包装盒平面图.psd"图像窗口，使用矩形选框工具绘制一个选区，如图2-35所示。

（3）按"Ctrl+C"组合键复制选区内的图像，切换到"包装盒立体展示效果.psd"图像窗

微课视频

变换选区

口，按"Ctrl+V"组合键粘贴选区内的图像，生成"图层2"图层，如图2-36所示。

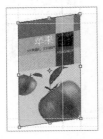  

图2-34　变换选区内的图像　　图2-35　绘制选区　　　　图2-36　粘贴选区内的图像

（4）创建两条参考线，按"Ctrl+T"组合键进入自由变换状态，将鼠标指针移动到图像四周的控制点上，当其变为形状时，按住"Shift"键的同时拖动鼠标指针，调整图像大小，如图2-37所示。

（5）在图像上单击鼠标右键，在弹出的快捷菜单中选择"扭曲"命令，拖动各个控制点，对图像进行扭曲变换，按"Enter"键确认变换，效果如图2-38所示。

图2-37　调整选区内图像的大小　　　图2-38　扭曲变换选区内的图像

多学一招　　　　　　　　　　　　**变换选区**

　　在选区上单击鼠标右键，在弹出的快捷菜单中选择"变换选区"命令，可对选区进行自由变换；选择"自由变换"命令，可对选区内的图像进行变换。

（6）创建多条参考线，如图2-39所示。

（7）切换到"包装盒平面图.psd"图像窗口，利用矩形选框工具将包装盒上方的图像复制到"包装盒立体展示效果.psd"图像窗口中，生成"图层3"图层，如图2-40所示。

图2-39　创建多条参考线　　　　　　图2-40　复制图像

（8）按"Ctrl+T"组合键进入自由变换状态，按住"Ctrl"键不放进行透视变换，效果如图2-41所示。

（9）按"Enter"键确认变换，切换到"包装盒平面图.psd"图像窗口，将鼠标指针移动到选区上，当其变为 ⊞ 形状时，拖动鼠标指针绘制选区，如图2-42所示。

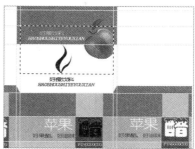

图2-41　进行透视变换　　　　　　图2-42　绘制选区

（10）在选区上单击鼠标右键，在弹出的快捷菜单中选择"变换选区"命令，使选区进入变换状态，调整选区的大小，如图2-43所示。

（11）单击工具属性栏中的"确认"按钮 ✓ 确认变换，如图2-44所示。

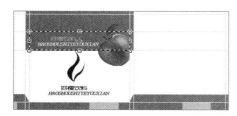

图2-43　调整选区的大小　　　　　　图2-44　确认变换

（12）将选区中的图像复制到"包装盒立体展示效果.psd"的图像文件中，生成"图层4"图层，如图2-45所示。

（13）对复制得到的图像进行透视变换，完成后的效果如图2-46所示。

（14）在工具箱中设置前景色为灰色（R:224,G:224,B:224），在"图层"面板中单击"创建新图层"按钮 ，新建"图层5"图层，如图2-47所示。

图2-45　复制选区中的图像　　　图2-46　透视变换图像　　　图2-47　创建新图层

（15）创建一条水平参考线和一条垂直参考线，使用多边形套索工具 ☑ 绘制三角形选区，如图2-48所示。

（16）按"Alt+Delete"组合键为选区填充前景色，按"Ctrl+D"组合键取消选区，效果如图2-49所示。

（17）利用相同的方法绘制另一个选区并填充前景色，效果如图2-50所示。

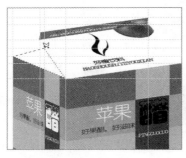  

图2-48　绘制三角形选区　　图2-49　使用前景色填充选区　图2-50　绘制另一个选区并填充前景色

2.2.3　羽化和描边选区

　　有时为了达到特殊效果，在创建选区时往往会对选区进行羽化或描边。羽化可以在选区和背景之间建立模糊的过渡边缘，使选区产生"晕开"的效果，描边则可以为选区创建指定宽度和颜色的边缘。下面在图像中创建一个多边形选区，并对其进行羽化和描边，制作出阴影效果，具体操作如下。

微课视频

羽化和描边选区

（1）在工具箱中选择多边形套索工具 ，在其工具属性栏的"羽化"文本框中输入"2像素"，在图像中创建选区，效果如图2-51所示。

（2）设置前景色为灰色（R:170,G:169,B:169），按"Alt+Delete"组合键为创建的选区填充前景色，如图2-52所示。

（3）按"Ctrl+D"组合键取消选区，完成包装盒的制作，效果如图2-53所示。

图2-51　创建多边形选区　　　　　图2-52　填充选区　　　　　图2-53　取消选区

（4）在"图层"面板中选择"背景"图层，单击右下角的"创建新图层"按钮 ，新建"图层6"，利用多边形套索工具 在包装盒的底部绘制一个多边形选区，如图2-54所示。

（5）选择"编辑"/"描边"菜单命令，打开"描边"对话框，在"宽度"文本框中输入"5像素"，设置"颜色"为灰色（R:224,G:224,B:224），在"位置"选项组中单击选中 居外(U)

单选项，在"模式"下拉列表框中选择"正片叠底"选项，单击 确定 按钮确认设置，如图2-55所示。

（6）按"Ctrl+D"组合键取消选区，完成包装盒立体展示效果的制作，完成后的效果如图2-56所示，最后保存图像文件。

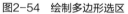
图2-54 绘制多边形选区

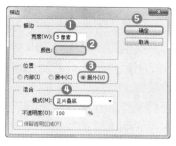
图2-55 "描边"对话框

图2-56 完成后的效果

2.3 项目实训

2.3.1 制作贵宾卡

1. 实训目标

微课视频

制作贵宾卡

根据客户提供的素材图片制作贵宾卡，要求突出店名和VIP字样，贵宾卡成品尺寸为86毫米×54毫米，分辨率为72像素/英寸，颜色模式为CMYK颜色模式，制作材料为特殊金属，局部烫金。在本实训中，贵宾卡的前后对比效果如图2-57所示。

素材所在位置 素材文件\第2章\项目实训\人物.jpg
效果所在位置 效果文件\第2章\项目实训\化妆店贵宾卡.psd

图2-57 贵宾卡的前后对比效果

2. 相关知识

贵宾卡又称VIP卡，有金属贵宾卡和非金属贵宾卡之分。在前期设计时，应主动与客户沟通，确认卡片的材质、内容（正面、背面的文字和图片）和印刷工艺（如编号烫金）等，其主要设计流程及参考设计要求如下。

● 使用Photoshop CS6制作贵宾卡时，设计尺寸应比成品尺寸大一些，如9厘米×5.4厘米等。

● 注意卡片上文字的大小，小凸码字可以设为13点左右，大凸码字可以设为16点。若凸码字需要烫金、烫银，可在后期告知印制厂商。文字与卡的边缘必须保持一定距离，一般为5毫米。如果要制作磁条卡，磁条宽度为12.6毫米。注意凸码字设计的位置不要压到背面的磁条，否则磁条将无法正常使用。

● 条码卡需根据客户提供的条码样式留出空位。

● 颜色模式应为CMYK颜色模式，若使用线条，则线条的粗细不得小于0.076毫米，否则会影响印刷效果。

● 完成设计后，可将制作的作品以电子稿的形式发送给客户，客户确认后即可送到制卡厂，同时要着重说明卡片的数量、起始编码及图案以及文字是否需要烫金或烫银等，并将样品交予客户确认。一般印刷出的成品与计算机中显示或打印出来的彩稿会有一定的色差。

3．操作思路

首先利用圆角矩形工具 绘制贵宾卡的形状，然后利用素材制作贵宾卡的图案，最后添加文字，操作思路如图2-58所示。

① 绘制贵宾卡的形状　　　　　② 制作贵宾卡的图案　　　　　③ 添加文字

图2-58　制作贵宾卡的操作思路

【步骤提示】

（1）新建一个宽度为9厘米、高度为5.4厘米、分辨率为72像素/英寸、颜色模式为CMYK的图像文件，并将其保存为"化妆店贵宾卡.psd"。

（2）在工具箱中选择圆角矩形工具 ，拖动鼠标绘制圆角矩形作为贵宾卡的形状，设置工具栏属性，将前景色设置为"色板"面板中第1行第4个色块，填充前景色。

（3）打开"人物.jpg"图像文件，在工具箱中选择魔棒工具 ，为图像背景创建选区，并反选选区，为人物创建选区。

（4）在工具箱中选择移动工具 ，将两个图像窗口并排，将人物选区拖到"化妆店贵宾卡.psd"图像窗口中。

（5）调整选区位置，按"Ctrl+T"组合键使人物选区进入自由变换状态，单击鼠标右键，在弹出的快捷菜单中选择"水平翻转"命令。

（6）在工具箱中选择椭圆选框工具 ，按住"Shift"键在图像中创建一个圆形选区。在其工具属性栏中单击"从选区减去"按钮 ，在圆形选区中创建月亮形状的选区。

（7）在英文输入状态下按"D"键复位前景色和背景色，使用渐变工具组中的油漆桶工具 将选区填充为前景色，然后设置选区的"羽化"为"2像素"。

（8）按"Ctrl+T"组合键使选区进入自由变换状态，旋转图像，完成后按"Enter"键确认。

（9）利用相同的方法创建其他的选区，移动并调整选区的大小。

（10）在工具箱中选择横排文字工具 **T**，添加文字"靓颜美妆""VIP""尊贵""NO：123456789"。

（11）设置文本格式依次为"幼圆、17点、暗黄""华文琥珀、17点、暗黄""幼圆、7点、黑色""思源黑体 CN、7点、暗黄"。

（12）完成后按"Enter"键确认，保存图像文件。

2.3.2　更换图片背景

1. 实训目标

为音乐晚宴制作宣传海报，要求将素材中的乐器图像抠取出来，然后将其移动到已制作好的背景中，使音乐晚宴的海报美观完整。海报处理前后的对比效果如图2-59所示。

素材所在位置　素材文件\第2章\项目实训\乐器.jpg、海报背景.jpg
效果所在位置　效果文件\第2章\项目实训\海报.psd

微课视频

更换图片背景

图2-59　音乐晚宴海报处理前后的对比效果

2. 相关知识

作为一种非常常见的招贴形式，海报在电影、戏剧、比赛、文艺演出等场合的应用十分广泛。海报属于户外广告的一种，通常出现在街道、影剧院、展览会、商业区、公园等公共场所，偶尔也会出现在小范围宣传的私人活动中。

海报整体设计一般要求图文和谐、内容新颖、版面美观，可以第一时间吸引受众的注意力。海报中的文案要求简明扼要、重点突出，通常需要注明活动性质、活动主办单位、活动时间和活动地点等内容。要想设计出引人注意的海报，必须处理好图片、文字、色彩等要素之间的关系，以更具新意的形式向目标受众传递宣传信息。

3. 操作思路

使用魔棒工具将乐器图像抠取出来，然后将其移动到海报背景中，并调整乐器图像的大小和位置等，最后为乐器图像设置图层样式，操作思路如图2-60所示。

① 抠取图像　　　② 变换图像　　　③ 设置图层样式

图2-60　音乐晚宴海报设计的操作思路

【步骤提示】

（1）打开"乐器.jpg"图像文件，利用魔棒工具 抠取图像，并调整选区。

（2）将选区中的图像移动到"海报背景.jpg"图像窗口中，按"Ctrl+T"组合键变换图像，调整图像的大小和位置。

（3）水平翻转图像。

（4）双击"图层"面板中乐器图像所在图层的空白区域，打开"图层样式"对话框，为图层设置投影效果。

（5）将图像文件保存为"海报.psd"。

2.4　课后练习

　　本章主要介绍了选区的基本操作，包括创建选区，调整选区，变换选区，移动、复制和变换选区内的图像，以及羽化和描边选区等。读者应认真学习和掌握本章的内容，为后面设计和处理图像打下良好的基础。

练习1：制作人物与夜景的融合效果

　　将人物照片和夜景融合，制作出具有怀旧电影风格的图像。参考效果如图2-61所示。

素材所在位置　素材文件\第2章\课后练习\人物.jpg、夜景.jpg
效果所在位置　效果文件\第2章\课后练习\夜景人物.psd

图2-61　夜景人物参考效果

微课视频

制作人物与夜景的融合效果

【步骤提示】

（1）打开"夜景.jpg"和"人物.jpg"图像文件。

（2）用魔棒工具创建选区，反选选区。

（3）对选区进行扩展和羽化。

（4）将人物移动到"夜景.jpg"图像窗口中，再将其调整到合适的位置和大小。

练习2：制作天空岛屿

根据提供的素材制作天空岛屿的图像，参考效果如图2-62所示。

素材所在位置 素材文件\第2章\课后练习\岛屿.jpg、椰树.jpg、天空.jpg
效果所在位置 效果文件\第2章\课后练习\天空岛屿.psd

图2-62　天空岛屿参考效果

微课视频

制作天空岛屿

【步骤提示】

（1）打开"岛屿.jpg""椰树.jpg""天空.jpg"图像文件，为岛屿和椰树图像创建选区，将选区中的图像移动到"天空.jpg"图像窗口中，并调整大小和位置。

（2）新建一个空白图层，为其填充颜色（R:207,G:241,B:250），设置"不透明度"为"40%"，图层混合模式设为"颜色减淡"，调整图层的顺序，并保存图像文件。

2.5　技巧提升

1．编辑边界选区

边界选区是指在选区边界向外增加的边界。选择"选择"/"修改"/"边界"菜单命令，在打开的"边界选区"对话框的"宽度"文本框中输入相应的数值，单击 确定 按钮，返回图像窗口，即可看到增加边界选区后的效果。

2．扩展与收缩选区

扩展选区是指在原有选区的基础上向外扩大，缩小选区则是向内缩小。扩展选区的方法为：选择"选择"/"修改"/"扩展"菜单命令，打开"扩展选区"对话框，在"扩展量"文本框中输入1~100内的整数。收缩选区的方法为：选择"选择"/"修改"/"收缩"菜单命令，打开"收缩选区"对话框，在"收缩量"文本框中输入1~100内的整数。

3．扩大选取与选取相似选区

扩大选取是指在原有选区的基础上，按照物体轮廓向外扩大选区范围。选取相似选区是按照选区范围的颜色，选取与其色彩相近的区域。扩大选取的方法为：选择"选择"/"扩大选取"菜单命令，系统将自动根据图像轮廓扩大选区范围。选取相似选区的方法为：选择"选择"/"选取相似"菜单命令，系统将自动判断选区内的颜色，然后选取图像中所有与此颜色相近的区域。

第 3 章
绘制图像

情景导入

　　米拉获得了设计师助理的工作。正式上班后，老洪把米拉带到工位，并告诉米拉接下来将由他带领米拉熟悉工作业务。

学习目标

- 掌握水墨画的绘制方法。
  包括使用铅笔工具绘制图像、使用画笔工具绘制图像等。
- 掌握卡通形象的绘制方法。
  包括钢笔工具的使用、自定形状工具的使用等。

- 掌握保湿水瓶子的绘制方法。
  包括渐变工具的使用、图层样式的使用、剪贴蒙版和橡皮擦工具的使用等。

案例展示

▲绘制水墨画

▲绘制卡通形象

▲绘制保湿水瓶子

3.1 课堂案例：绘制水墨画

米拉来到自己的工位上，启动Photoshop CS6并观看公司之前设计的作品，从中不难发现，许多作品都运用了画笔工具 ✐ 绘制图像。稍做思考后，米拉决定绘制一幅水墨画来练习铅笔工具 ✐ 和画笔工具 ✐ 的使用。

要绘制水墨画，需要先设置好画笔的样式，然后新建图层，在其中反复调整画笔大小，分别绘制石头、梅花枝干、梅花花朵。绘制梅花花朵时，为提高效率，可以将绘制的一朵梅花花朵定义为画笔预设，然后使用画笔预设绘制其他梅花花朵。本案例的参考效果如图3-1所示，下面具体讲解其制作方法。

 效果所在位置　效果文件\第3章\水墨画.psd

图3-1　水墨画参考效果

扫一扫

水墨画高清彩图

行业提示

水墨画在平面设计中的应用

水墨画是我国特有的艺术形式，具有极强的艺术感染力，历久弥新，在现代平面设计中被广泛运用。近年来，水墨画在海报设计、VI设计、网页设计、电视宣传等领域都有许多优秀作品。水墨画不仅常用于作品设计中，其中的水墨元素也常于营造优美意境。

3.1.1 使用铅笔工具绘制石头

铅笔工具 ✐ 位于工具箱中的画笔工具组中，下面利用铅笔工具绘制石头，具体操作如下。

（1）新建一个800像素×600像素、分辨率为300像素/英寸的"水墨画.psd"图像文件，然后新建"图层1"。

（2）在工具箱中选择铅笔工具 ✐ ，在面板组中单击 ▤ 按钮，打开"画笔"面板，在其中选择"柔边椭圆11"笔刷，其他设置保持默认，如图3-2所示。

（3）绘制石头轮廓，效果如图3-3所示。

微课视频

使用铅笔工具绘制石头

多学一招

改变画笔直径

在使用铅笔工具 ✐ 绘制图形的过程中，可在其工具属性栏中单击 ▾ 按钮，在弹出的面板中设置画笔直径；也可在英文输入状态下按"["键减小画笔直径，按"]"键增大画笔直径。

（4）在工具属性栏的"不透明度"下拉列表框中选择"45%"选项，在图像窗口中拖动鼠标指针绘制石头的明暗效果，如图3-4所示。

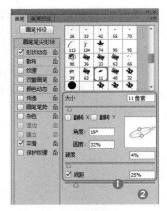

图3-2　"画笔"面板　　　　图3-3　绘制石头轮廓　　　　图3-4　绘制明暗效果

（5）在工具属性栏中勾选 自动抹除 复选框，在石头的轮廓边缘拖动鼠标指针涂抹出石头被风化的效果，如图3-5所示。

（6）按住"Ctrl"键的同时在"图层1"的缩略图上单击，创建选区，按"Ctrl+J"组合键新建图层，如图3-6所示。

（7）选择"图层1"图层，按"Ctrl+T"组合键进入自由变换状态，对图像进行变换，效果如图3-7所示。

图3-5　绘制风化效果　　　　图3-6　新建图层　　　　图3-7　变换图像

3.1.2　使用画笔工具绘制梅花枝干

画笔工具 不仅可用来绘制边缘较柔和的线条，还可以选择不同的画笔样式来绘制不同的图像效果。下面利用画笔工具 来绘制梅花枝干，具体操作如下。

（1）新建"图层3"图层，在工具箱中选择画笔工具 ，在其工具属性栏中单击 按钮，打开"画笔"面板，选择"柔角 21"画笔样式，如图3-8所示。

（2）在"画笔"面板中勾选 形状动态 复选框，在右侧的"控制"下拉列表框中选择"渐隐"选项，在其后的文本框中输入"25"，在"最小直径"文本框中输入"35"，其他设置保持默认，如图3-9所示。

（3）勾选 双重画笔 复选框，在右侧的列表框中选择"滴溅 24"画笔样式，在"大小"文本框中输入"20像素"，在"间距"文本框中输入"28%"，在"散布"文本框中输入"43%"，在"数量"文本框中输入"1"，如图3-10所示。

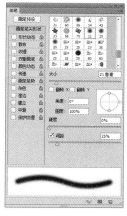
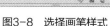

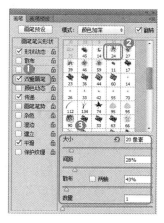

图3-8　选择画笔样式　　　　图3-9　设置形状动态　　　　图3-10　设置双重画笔

（4）绘制梅花枝干，效果如图3-11所示。

（5）新建"图层4"图层，调整画笔的大小，绘制一些梅花枝干和细节，以突出梅花枝干之间的层次感，如图3-12所示。

（6）在工具属性栏中设置画笔的"不透明度"为"45％"，设置前景色为灰色（R:105,G:108,B:102），使用不同直径的画笔在细小的梅花枝干上涂抹，绘制梅花枝干的明暗层次，效果如图3-13所示。

图3-11　绘制梅花枝干　　　　图3-12　绘制其他梅花枝干　　　　图3-13　绘制明暗层次

3.1.3　定义预设画笔

有时，Photoshop CS6自带的画笔并不能满足设计的需要。用户可以根据需要自定义画笔样式。下面定义梅花花朵画笔样式，具体操作如下。

微课视频

定义预设画笔

（1）新建"图层5"图层，在工具箱中选择画笔工具🖉，在其工具属性栏中设置画笔样式为"粗边圆形钢笔 100"，设置前景色为红色（R:248,G:173,B:173），绘制花瓣，效果如图3-14所示。

（2）设置前景色为黄色（R:247,G:219,B:108），将画笔的笔刷大小设置为"16像素"，在花瓣中拖动鼠标指针绘制花蕊，效果如图3-15所示。

（3）按住"Ctrl"键的同时在梅花花朵缩略图上单击，创建梅花花朵选区。选择"编辑"/"定义画笔预设"菜单命令，打开"画笔名称"对话框，在"名称"文本框中输入"梅花"。单击 确定 按钮确认设置，如图3-16所示。

图3-14 绘制花瓣

图3-15 绘制花蕊

图3-16 "画笔名称"对话框

（4）新建"图层6"图层，在工具属性栏中选择定义好的"梅花"样式，设置前景色为红色（R:248,G:173,B:173），调整画笔大小，在梅花枝干周围单击，绘制梅花花朵，效果如图3-17所示。

（5）选择"图层5"图层，在其上单击鼠标右键，在弹出的快捷菜单中选择"删除图层"命令，完成水墨画的绘制，效果如图3-18所示。

图3-17 绘制梅花花朵

图3-18 水墨画最终效果

（6）按"Ctrl+S"组合键打开"存储为"对话框，在其中设置保存位置、保存名称和保存格式等，保存图像文件。

3.2 课堂案例：绘制卡通形象

老洪很欣赏米拉绘制的水墨画，肯定了她认真的工作态度，于是让米拉绘制一张卡通女孩图像作为图书插画。米拉听了老洪交代的任务后，非常开心。一番思考后，米拉决定采用钢笔工具 、铅笔工具 、椭圆工具 和画笔工具 来完成卡通形象的绘制。本案例的参考效果如图3-19所示，下面具体讲解其制作方法。

 效果所在位置 效果文件\第3章\卡通形象.psd

图3-19 卡通形象参考效果

3.2.1 使用钢笔工具

微课视频

使用钢笔工具

钢笔工具是常用的图像绘制工具，利用它可以完成各种复杂图像的绘制。下面使用钢笔工具绘制卡通形象，具体操作步骤如下。

（1）新建一个800像素×800像素的空白图像文件。设置背景色为粉红色（R:224，G:192，B:196），按"Ctrl+Delete"组合键填充背景色。

（2）在工具箱中选择钢笔工具，在其工具属性栏中设置工具绘图模式为"形状"，填充颜色为棕色（R:31,G:19,B:5），描边颜色为黑色（R:9,G:1,B:4），描边粗细为"1.5点"。在图像窗口单击添加锚点作为起点，继续单击添加锚点可绘制直线，添加锚点时，按住鼠标左键拖动鼠标指针可控制线条的弯曲度，绘制头发，效果如图3-20所示。

（3）绘制头发上的蝴蝶结，在工具属性栏中设置填充颜色为红色（R:231,G:31,B:25）。在工具箱中选择椭圆工具，在蝴蝶结中间绘制红色圆，然后继续绘制其他圆装饰蝴蝶结。在工具属性栏中设置其他圆的填充颜色为白色（R:255,G:255,B:255），效果如图3-21所示。

（4）在工具箱中选择钢笔工具，在工具属性栏中设置填充颜色为粉红色（R:245,G:210,B:210），绘制脸部，新建"图层1"图层。在工具箱中选择画笔工具，在工具属性栏中设置画笔硬度为"0"，画笔大小为"150 像素"，前景色为粉红色（R:235,G:166,B:159），在脸部中间单击绘制红晕。

（5）在工具箱中选择铅笔工具，在工具属性栏中设置画笔硬度为"100%"，画笔大小为"3像素"，在红晕区域拖动鼠标指针绘制几条短线，如图3-22所示。

图3-20 绘制头发

图3-21 绘制蝴蝶结

图3-22 绘制脸部

（6）在工具箱中选择钢笔工具，绘制眼睛、腮红和嘴巴，在工具属性栏中设置眼睛的填充颜色为黑色（R:21,G:13,B:15），腮红的填充颜色为粉红色（R:230,G:130,B:151），效果如图3-23所示。

（7）绘制身体，在工具属性栏中设置填充颜色为粉红色（R:247,G:217,B:215），在"图层"面板中将身体图层拖动到头部图层的下方，然后使用矩形工具绘制一个矩形作为背心并填充为黑色，如图3-24所示。

（8）绘制裙子和衣领，在工具属性栏中设置裙子的填充颜色为红色（R:231,G:31,B:25），衣领的填充颜色为白色（R:255,G:255,B:255），如图3-25所示。

多学一招

使用钢笔工具编辑曲线

在使用钢笔工具绘制曲线的过程中，移动鼠标指针到曲线边缘，鼠标指针变为形状，此时单击可在该位置添加锚点；移动鼠标指针到锚点上，鼠标指针变为形状，此时单击可删除该锚点；按住"Ctrl"键不放单击可选择锚点，拖动锚点和锚点上的控制柄，可分别调节锚点的位置和曲线的弧度。

图3-23　绘制眼睛、腮红与嘴巴　　　图3-24　绘制身体　　　图3-25　绘制裙子和衣领

3.2.2　使用自定形状工具

使用Photoshop CS6的自定形状工具█可以快速绘制心形、箭头、手掌、树叶、花朵等常见图形，从而提高工作效率。下面使用自定形状工具绘制心形，具体操作如下。

（1）在工具箱中选择自定形状工具█，在工具属性栏中设置填充颜色为白色（R:255,G:255,B:255），描边颜色为黑色（R:9,G:1,B:4），描边粗细为"1.5点"，在"形状"下拉列表框中选择█形状，如图3-26所示。

（2）在人物左上方绘制心形，按"Alt"键拖动心形，复制出一个心形，更改复制得到的心形的填充颜色为红色（R:231,G:31,B:25）。按"Ctrl+T"组合键，将鼠标指针移动到四角控制点的外侧，鼠标指针呈█形状时，顺时针拖动鼠标指针旋转心形，向内拖动四角控制点，缩小心形，按"Enter"键完成变换，如图3-27所示。

（3）在工具箱中选择钢笔工具█，在白色心形中绘制眼睛、嘴巴，在工具属性栏中取消填充，完成卡通图像的绘制，完成后的效果如图3-28所示。

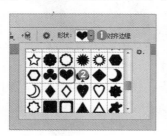

图3-26　选择自定形状　　　图3-27　绘制自定形状　　　图3-28　完成后的效果

3.3　课堂案例：绘制保湿水瓶子

老洪最近在制作一套护肤品的画册，让米拉绘制一款保湿水瓶子，并将其放在护肤品的画册中。米拉接到老洪交代的任务后，开始对瓶子进行研究，分析其外观、结构和光影关系，一番思考后，米拉决定采用圆角矩形工具█和钢笔工具█绘制瓶盖和瓶身，采用渐变工具█来体现瓶子的光影关系，并利用内阴影图层样式来表现瓶子的立体感，通过水珠、石头来表现化妆品的水润感。本案例的参考效果如图3-29所示，下面具体讲解其制作方法。

素材所在位置　素材文件\第3章\课堂案例\石头.jpg、水珠.jpg
效果所在位置　效果文件\第3章\保湿水瓶子.psd

图3-29　保湿水瓶子的参考效果

3.3.1　使用渐变工具

渐变是指两种或多种颜色之间的过渡效果。Photoshop CS6有线性、径向、角度、对称和菱形5种渐变方式。下面使用渐变工具▣填充背景，然后绘制瓶子，具体操作步骤如下。

（1）新建450像素×780像素的名为"保湿水瓶子.psd"的空白图像文件。

（2）在工具箱中选择渐变工具▣，在工具属性栏中单击"渐变编辑器"按钮▣，打开"渐变编辑器"对话框，拖动渐变条下方左侧的色标，在"色标"栏中单击"颜色"后的色块，打开"拾色器（色标颜色）"对话框，设置颜色为白色（R:247,G:249,B:250），单击 确定 按钮，使用相同的方法设置渐变条下方右侧色标的颜色为浅蓝色（R:156,G:203,B:233），单击 确定 按钮，效果如图3-30所示。

（3）在背景上从左上角到右下角拖动鼠标指针填充渐变背景，效果如图3-31所示。

（4）在工具箱中选择圆角矩形工具▣，在工具属性栏中设置圆角半径为"18像素"，分别绘制瓶盖和瓶身。在工具箱中选择钢笔工具▣，按住"Ctrl"键不放并单击瓶身，将上部分的锚点删除，拖动上边缘线条调整弧度。使用相同的方法编辑瓶盖的形状，效果如图3-32所示。

图3-30　设置渐变填充

图3-31　填充渐变背景

图3-32　绘制瓶子

多学
一招

调整渐变颜色的不透明度

在"渐变编辑器"对话框的渐变条的边缘上单击可添加不透明度色标，选择不透明度色标，将出现"不透明度"文本框，用于调整渐变颜色的不透明度，如制作气泡时可以添加从不透明到透明的径向渐变。

（5）保持瓶盖的选择状态，在工具箱中选择圆角矩形工具 ▣，在工具属性栏中单击"填充"色块，在打开的面板中单击"渐变"按钮 ▣，设置渐变角度为"0"，单击渐变条，打开"渐变编辑器"对话框，在渐变条下边缘单击添加色标，设置瓶盖的渐变颜色为（R:3,G:0,B:0）、（R:255,G:255,B:255）、（R:255,G:255,B:255）、（R:65,G:70,B:80）、（R:225,G:225,B:225）、（R:234,G:245,B:252）、（R:213,G:210,B:215）、（R:4,G:0,B:0）、（R:4,G:0,B:0）、（R:72,G:79,B:89）、（R:230,G:229,B:229）、（R:210,G:207,B:207）、（R:104,G:107,B:112），方法参考步骤（2），拖动色标，调整渐变位置。

（6）在工具属性栏中取消描边，使用相同的方法设置瓶身的渐变颜色（R:194,G:228,B:236）、（R:186,G:255,B:231）、（R:224,G:241,B:247）、（R:225,G:242,B:246）、（R:125,G:203,B:217）、（R:86,G:164,B:178）、（R:164,G:202,B:211）、（R:167,G:203,B:214）、（R:83,G:159,B:176），拖动色标，调整渐变位置，在工具属性栏中取消描边，效果如图3-33所示。

图3-33　设置渐变颜色

（7）在"图层"面板双击瓶子图层，打开"图层样式"对话框，勾选"☑"复选框，设置内阴影的颜色为蓝色（R:73,G:137,B:147），角度为"30度"，距离为"0像素"，阻塞为"5%"，大小为"12像素"，单击 确定 按钮，使用相同的方法为瓶盖添加内阴影，如图3-34所示。

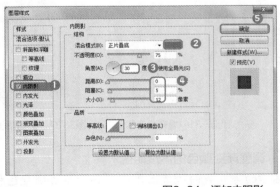

图3-34　添加内阴影

（8）在工具箱中选择横排文字工具 ▣，输入文本"MEI"，在工具属性栏中设置字体为"Corbel"，字号为"26.67点"，文字颜色为白色（R:255,G:255,B:255）。在工

具箱中选择直排文字工具 **T**，输入文本"BAOSHI"，在工具属性栏中设置字体为
"Corbel"，字号为"64点"。

（9）在"图层"面板中双击"BAOSHI"文字图层，打开"图层样式"对话框，勾选
渐变叠加复选框，设置渐变颜色为（R:212,G:236,B:242）、（R:255,G:255,B:255）、
（R:212,G:236,B:243）、（R:255,G:255,B:255），角度为"90度"，单击 确定 按
钮，得到文字的渐变叠加效果，如图3-35所示。

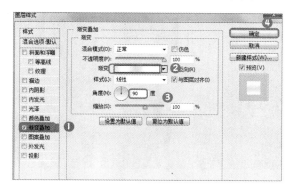

图3-35　设置文字渐变叠加

（10）按"Ctrl+Shift+Alt+E"组合键将所有瓶子图层合并为一个新的图层，显示背景图层。在
"图层"面板中双击瓶子图层，打开"图层样式"对话框，勾选 投影复选框，设置
投影颜色为蓝色（R:88,G:145,B:174），角度为"170度"，距离为"12像素"，扩展为
"0%"，大小为"1像素"，单击 确定 按钮，查看设置效果，如图3-36所示。

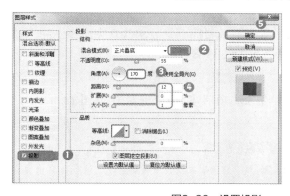

图3-36　设置投影

3.3.2　创建剪贴蒙版

Photoshop CS6的剪贴蒙版可以将图像裁剪到形状中。下面将水珠
裁剪到瓶子中，然后设置图层混合模式，得到将水珠洒落到瓶子上的效
果，具体操作如下。

微课视频

创建剪贴蒙版

（1）打开"水珠.jpg"图像文件，按"Ctrl+A"组合键选择图像，在工具
箱中选择移动工具 **▶+**，将图像拖动到"保湿水瓶子.psd"图像窗口
中，调整位置，使其覆盖瓶子并位于瓶子上层，设置水珠图层混合模式为"叠加"。在水
珠所在的图层上单击鼠标右键，在弹出的快捷菜单中选择"创建剪贴蒙版"命令，将水珠
裁剪到瓶子中，如图3-37所示。

（2）打开"石头.jpg"图像文件，按"Ctrl+A"组合键选择图像，在工具箱中选择移动工具 ，将图像拖动到"保湿水瓶子.psd"图像窗口中，将其放到瓶子右下角。在工具箱中选择橡皮擦工具 ，在工具属性栏中设置画笔大小为"100像素"，不透明度为"50%"，在石头边缘拖动鼠标指针擦除多余部分，使石头与背景、瓶子融合，如图3-38所示，完成保湿水瓶子的绘制。

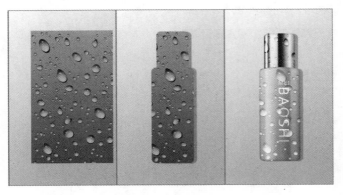

图3-37　添加水珠　　　　　　　　　　图3-38　添加石头

3.4　项目实训

3.4.1　制作卡通风景插画

1. 实训目标

本项目实训是为儿童图书绘制一幅卡通风景插画，要求注意突出插画的主题为秋季，运用的色彩与季节相符。本实训的参考效果如图3-39所示。

 效果所在位置　效果文件\第3章\项目实训\卡通风景插画.psd

微课视频

制作卡通风景插画

图3-39　卡通风景插画的参考效果

2. 相关知识

在现代设计领域，插画可以说是表现内容非常丰富的艺术形式。要创作出优秀的插画作品，必须对事物有较深刻的理解。插画的创作表现可以是具象的，也可以是抽象的，其创作的自由度极高。在现代设计领域，插画主要通过手绘或软件绘制完成，如结合Photoshop和数位板完成插画的绘制。

在绘制插画之前，可先从网上找一些参考图片，然后在纸稿上绘出大致结构，再根据需要绘制细节。在构图时，要注意远景和近景的区分，远景较小且稍微有些模糊，近景则是眼前所见内容，清晰且细致。

3. 操作思路

本实训的制作重点是突出秋季，因此应以秋季的风景作为主要绘制对象，绘制时要把握好色彩的搭配。在制作时，可使用渐变工具 ▣ 和套索工具 ⬭ 绘制出天空和草地，并使用画笔工具 ✎ 绘制云彩。使用套索工具 ⬭、加深工具 ◐ 绘制树，再使用移动工具 ✛ 复制多个树，并变换各自的大小、形状等。最后使用画笔工具 ✎ 绘制树枝、树叶和草，完成制作。操作思路如图3-40所示。

① 绘制天空和草地　　② 绘制云彩和树　　③ 绘制树枝和树叶　　④ 绘制草

图3-40　制作卡通风景插画的操作思路

【步骤提示】

（1）新建一个空白图像文件，使用橙色（R:253,G:132,B:40）到黄色（R:253,G:240, B:178）的线性渐变背景色进行填充。

（2）使用套索工具 ⬭ 在图像下方绘制选区，新建图层，使用黄色（R:247,G:198,B:6）到黄色（R:248、G:232、B:131）的线性渐变进行填充。

（3）使用相同的方法新建图层并绘制选区，然后填充颜色。

（4）在工具箱中选择画笔工具 ✎，设置前景色为白色（R:255,G:255,B:255），画笔样式为"柔角100"，不透明度为"50%"，在图像窗口中绘制出云彩的形状。

（5）新建图层，使用画笔工具 ✎ 绘制出树的形状，树干颜色为棕色（R:123,G:95, B:11），树叶的颜色为红色（R:241,G:80,B:1）。

（6）使用移动工具复制出几个树木，并对其进行自由变换，调整位置。

（7）使用画笔工具 ✎ 绘制树枝，填充颜色为棕色（R:160,G:58,B:8），更改填充颜色为红色（R:241,G:80,B:1），并不断调整画笔直径，在树枝周围绘制树叶。

（8）使用画笔工具 ✎ 在图像窗口中绘制草，完成制作。

3.4.2　绘制兰花

1. 实训目标

本实训需绘制水墨兰花，用于制作具有古典意蕴的商品海报，要求兰花形象生动。本实训的参考效果如图3-41所示。

效果所在位置　效果文件\第3章\实训目标\兰花.psd

微课视频

绘制兰花

图3-41 兰花的参考效果

2. 相关知识

兰花被文人墨客所钟爱，与梅花、竹子、菊花一起被称为"四君子"。在传统文化中，兰花代表宁静、冷艳、高洁、高雅、贤德、淡泊、坚贞不渝的品格。在平面设计中，兰花经常出现在古典风格的作品中，尤其是水墨兰花。水墨兰花不仅可以作为好看的装饰，很多时候还能起到烘托氛围，体现商品风格的作用。例如，在扇子、陶瓷、茶具等商品的设计中，经常会使用兰花元素。此外，年画、企业宣传画等也会使用兰花。

在绘制水墨兰花时，需注意兰花叶的形状、兰花花朵颜色深浅的变化，以及兰花花朵的大小和分布，使兰花生动自然。

3. 操作思路

本实训主要包括绘制兰花叶、绘制兰花花朵和添加文字3个步骤，操作思路如图3-42所示。

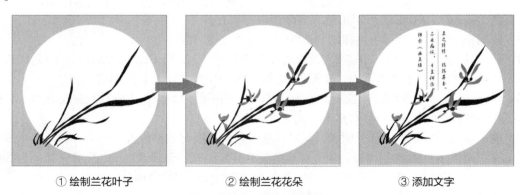

① 绘制兰花叶子　　　　② 绘制兰花花朵　　　　③ 添加文字

图3-42 绘制兰花的操作思路

【步骤提示】

（1）新建一个800像素×800像素的图像文件。

（2）设置背景色为（R:215,G:211,B:250），按"Ctrl+Delete"组合键填充背景色，在背景中心绘制白色椭圆。

（3）新建图层，设置前景色为（R:19,G:30,B:60），在工具箱中选择画笔工具 ，展开画笔大小的设置面板，在右上角单击 按钮，在打开的下拉列表中选择"书法画笔"选项，用书法画笔替换当前预设画笔，选择第二排第一个画笔样式，调整画笔大小，绘制兰花叶。

（4）新建图层，设置前景色为（R:139,G:136,B:166），设置画笔大小，绘制兰花花瓣，使用减淡工具 减淡花瓣的部分颜色。

（5）设置前景色为（R:19,G:30,B:60），设置画笔大小，完善兰花。

（6）输入竖排咏兰的诗句文本，字体和字号分别为"方正黄草简体""30点"，在诗句文本中间绘制线条装饰，线条粗细为1像素。保存图像文件，完成兰花的绘制。

3.5 课后练习

本章主要介绍了绘制图像时需要用到的一些工具，包括画笔工具、铅笔工具、渐变工具等。读者应认真学习和掌握本章内容，为后面设计和处理图像打下良好的基础。

微课视频

制作透明气泡效果

练习1：制作透明气泡效果

为图像添加气泡，制作透明气泡效果，参考效果如图3-43所示。

素材所在位置 素材文件\第3章\课后练习\童趣.jpg
效果所在位置 效果文件\第3章\课后练习\童趣.psd

图3-43 透明气泡参考效果

【步骤提示】

（1）打开"童趣.jpg"图像文件，新建图层。

（2）绘制圆形选区并设置前景色。

（3）选择较柔和的画笔，并设置不透明度。

（4）在选区边缘拖动鼠标指针绘制气泡，复制多个气泡并调整其大小及位置。

练习2：制作人物剪影插画

将人物照片制作成剪影效果，参考效果如图3-44所示。

素材所在位置 素材文件\第3章\课后练习\人物.jpg、插画背景.jpg
效果所在位置 效果文件\第3章\课后练习\人物剪影插画.psd

【步骤提示】

（1）使用魔术橡皮擦工具 🖉 擦除"人物.jpg"图像文件中的背景，将人物素材移动到"插画背景.jpg"图像窗口中。

（2）为人物素材填充纯色，然后对其进行描边和应用投影样式。

（3）在图像窗口中绘制箭头等，完成人物剪影插画的制作。

微课视频

制作人物剪影插画

图3-44　人物剪影插画的参考效果

3.6　技巧提升

1．在Photoshop CS6中载入默认画笔样式

如果Photoshop CS6中默认的画笔样式不能满足设计的需要，那么可以在工具箱中选择画笔工具 🖌，然后在工具属性栏中单击画笔样式旁的下拉按钮，在打开的面板中单击 ⚙ 按钮，在打开的下拉列表中选择需要载入的默认画笔样式。也可以在面板组中单击"画笔预设"按钮 🖆，打开"画笔预设"面板，在其中单击 🔳 按钮，在打开的下拉列表中选择对应的选项。弹出提示框，单击 追加(A) 按钮，将Photoshop CS6自带的画笔样式载入。若单击 确定 按钮，则会替换原有的默认画笔样式。

2．在Photoshop CS6中载入外部画笔样式

读者可以自定义画笔样式，也可以从网上下载画笔样式，然后将其载入Photoshop CS6中。具体方法为：在打开的"画笔"面板中单击 画笔预设 按钮，打开"画笔预设"面板，在其中单击 🔳 按钮，在打开的下拉列表中选择"载入画笔"选项，打开"载入"对话框，在其中找到从网上下载的画笔样式所在的位置，并将需要载入Photoshop CS6的画笔样式选中，然后单击 载入(L)... 按钮。

3．在Photoshop CS6中载入外部渐变样式

若Photoshop CS6自带的渐变样式不能满足需要，为了提高工作效率，也可在网上下载渐变样式。将外部渐变样式载入Photoshop CS6中的方法与载入外部画笔样式的方法基本相同。

第4章
修饰图像

04

情景导入

　　米拉对图像处理逐渐有自己的见解，老洪见米拉进步很快，决定让她参与公司的一些图像修饰工作，对图像进行简单修饰。

学习目标

● 掌握美化数码照片中人像的方法。
　　包括使用污点修复画笔工具、修复画笔工具、修补工具、红眼工具等。

● 掌握商品图片的处理技巧。
　　包括使用加深工具、锐化工具和减淡工具等。

案例展示

▲美化数码照片中的人像

▲调整耳环图像

4.1 课堂案例：美化数码照片中的人像

扫一扫

老洪告诉米拉，在平面设计过程中会用到大量的素材，而大部分素材都需要处理成合适的效果后，才能用于设计。老洪让米拉处理一张数码照片，主要是使用污点修复画笔工具 ✏ 修复痘印，使用修复画笔工具 ✏ 修复斑点，使用修补工具 ⊕ 修复鱼尾纹等，修复完成后再对图像进行进一步美化。美化数码照片中人像前后的效果如图4-1所示，下面具体讲解其制作方法。

数码照片人像美化
高清彩图

素材所在位置 素材文件\第4章\课堂案例\照片.jpg
效果所在位置 效果文件\第4章\照片.jpg

图4-1 美化数码照片中人像前后的效果

行业
提示
人物图像美化

人物图像美化是 Photoshop 中非常常用的一个用途。Photoshop 作为一款功能强大的图像处理软件，不仅可以对人像进行基本的调色、美化和修复等处理，还可以改变人物外形，如调整脸部五官和脸型的大小、调整身体曲线等。此外，合理运用 Photoshop 的各种功能，还可以为人像添加各种妆容等。

4.1.1 使用污点修复画笔工具修复痘印

微课视频

污点修复画笔工具 ✏ 主要用于快速修复人物图像中的痘痘、斑点和小块杂物等。污点修复画笔工具 ✏ 能参照图像中的样本像素进行绘制，还可以将源图像区域的纹理、不透明度、明暗等情况与目标图像区域的情况进行匹配与融合。下面修复"照片.jpg"图像文件中脸部较明显的痘印，使脸部变得较干净、光滑，具体操作如下。

使用污点修复画笔
工具修复痘印

（1）打开"照片.jpg"图像文件，在工具箱中选择污点修复画笔工具 ✏ ，在工具属性栏中设置画笔的大小为"28像素"，单击选中 ⊙内容识别 单选项和勾选 ☑对所有图层取样 复选框，放大图像，如图4-2所示。

（2）在脸部右侧痘印明显的区域单击确定一点，按住鼠标左键向下拖动鼠标指针覆盖痘印区域，将显示一片灰色区域，释放鼠标左键，可看见灰色区域中的痘印已经消失，如

图4-3所示。若要修复某个的单独痘印，在其上单击即可。

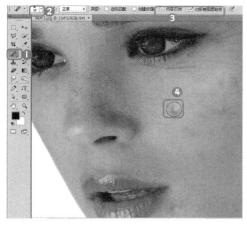  

图4-2　设置污点修复画笔工具的参数　　　　　　　　图4-3　修复脸部右侧的痘印

（3）使用相同的方法继续修复脸部右侧及嘴角的痘印，效果如图4-4所示。

图4-4　修复右脸痘印的效果

4.1.2　使用修复画笔工具修复斑点

　　修复画笔工具用图像中与被修复区域相似的颜色修复破损图像。它与污点修复画笔工具的作用和原理基本相同，只是修复画笔工具更便于控制，产生的人工修复痕迹更少。下面使用修复画笔工具修复"照片.jpg"图像文件中人物鼻子上的斑点，具体操作如下。

（1）在工具箱中选择修复画笔工具，在其工具属性栏中设置修复画笔的大小为"18像素"，在"模式"栏右侧的下拉列表框中选择"滤色"选项，单击选中取样单选项，移动鼠标指针到左侧眼部，按住"Alt"键并向前滚动鼠标滚轮将左侧眼部放大，如图4-5所示。

（2）在左侧眼部的下方，在按住"Alt"键的同时单击图像上需要取样的位置。这里单击鼻子中上部相对平滑的区域取样，再将鼠标指针移动到鼻子上需要修复的位置，单击并拖动鼠标指针，修复鼻子上的斑点，如图4-6所示。

微课视频

使用修复画笔工具
修复斑点

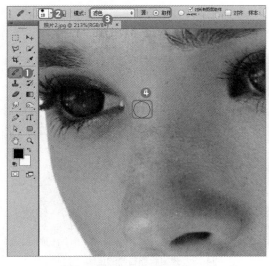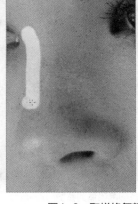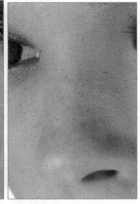

图4-5　使用修复画笔工具　　　　　　　　图4-6　取样修复颜色并进行修复操作

（3）使用相同的方法修复鼻子上残留的斑点。在使用修复画笔工具 时，为了使修复的图像更加完美，需要根据鼻子轮廓和周围的颜色不断地修改取样点和画笔大小。鼻子修复效果如图4-7所示。

图4-7　鼻子修复效果

4.1.3　使用修补工具修复鱼尾纹

修补工具 可将目标区域中的图像复制到需修复的区域中，因此在修复较复杂的纹理和瑕疵图像时，便可以使用修补工具 。下面使用修补工具 修复"照片.jpg"图像文件中人物的鱼尾纹，具体操作如下。

微课视频

使用修补工具修复
鱼尾纹

（1）在工具箱中选择修补工具 ，在其工具属性栏中单击"新选区"按钮 ，在"修补"下拉列表框中选择"正常"选项，单击选中 源 单选项，移动鼠标指针到右侧眼部，按住"Alt"键并向前滚动鼠标滚轮将右侧眼部放大，如图4-8所示。

（2）沿着需要修补的单条鱼尾纹绘制一个闭合的选区，将需要修补的位置圈住，当鼠标指针

变为 形状时，按住鼠标左键不放并向下拖动，以下方光滑的肌肤为主体进行修补，如图4-9所示。注意，修补时不要将鼠标指针拖得太远，否则容易造成颜色不统一。

图4-8　使用修补工具　　　　　　　　　图4-9　修复鱼尾纹部分

（3）使用相同的方法修复右侧眼部的其他鱼尾纹，效果如图4-10所示。

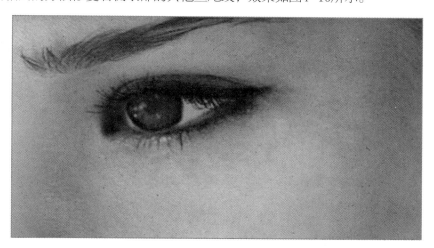

图4-10　修复鱼尾纹效果

4.1.4　使用红眼工具去除红眼

受诸多客观拍摄条件的影响，数码照片在拍摄后可能会出现红色、白色或绿色反光斑点。对于这类照片，可使用红眼工具 快速去除照片中的瑕疵。下面使用红眼工具 去除"照片.jpg"图像文件中人物的红眼，具体操作如下。

（1）选择红眼工具 ，在其工具属性栏中设置"瞳孔大小"为"45%"，设置"变暗量"为"50%"，完成后将左侧眼部放大，并在左侧眼部的红色区域单击，如图4-11所示。

（2）红色的眼球呈黑色显示，在工具属性栏中设置"瞳孔大小"为"60%"，效果如图4-12所示。使用相同的方法修复右侧眼部的红眼。

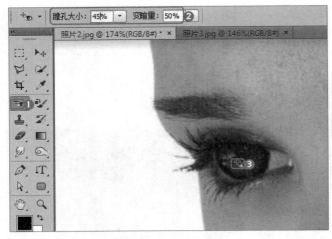

图4-11　使用红眼工具　　　　　　　　图4-12　左侧眼部修复红眼效果

4.1.5　使用减淡工具美白皮肤和牙齿

受灯光、环境和天气的影响，数码照片可能会出现灰暗的情况。对于这类照片，可使用减淡工具  提高照片的亮度。下面使用减淡工具 提亮"照片.jpg"图像文件中人像的肤色、美白牙齿，使用加深工具 加强人像的立体感，具体操作如下。

微课视频
使用减淡工具美白
皮肤和牙齿

（1）选择工具箱中的减淡工具 ，在其工具属性栏中设置画笔样式为"柔边圆"、大小为"1200像素"，设置范围为"中间调"，设置"曝光度"为"100%"，勾选 ☑ 保护色调 复选框，在人物面部单击提亮肤色，如图4-13所示。

（2）在工具箱中的减淡工具组上单击鼠标右键，选择加深工具 ，在其工具属性栏中设置画笔样式为"柔边圆"、大小为"49像素"，设置"范围"为"阴影"，设置"曝光度"为"50%"，勾选 ☑ 保护色调 复选框，涂抹眉毛、眼睛、嘴唇与头发，加强面部立体感，效果如图4-14所示。

图4-13　使用减淡工具　　　　　　　　图4-14　使用加深工具

（3）为下排露出的牙齿创建选区，选择工具箱中的减淡工具 ，在其工具属性栏中设置画笔样式为"柔边圆"，大小为"48像素"，设置"范围"为"中间调"，设置"曝光度"为"100%"，勾选 ☑ 保护色调 复选框，如图4-15所示。

（4）涂抹选区中的牙齿进行美白处理，若一次美白效果不佳，可反复涂抹，美白效果如图4-16所示，最后保存图像文件。

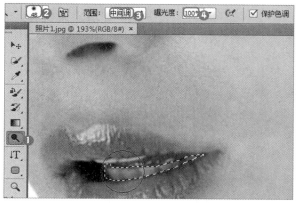 

图4-15 使用减淡工具的参数　　　　　　图4-16 美白牙齿的效果

4.2 课堂案例：修饰商品图像

老洪正在为一家淘宝网店设计商品详情页，有很多商品图像不符合网店要求。他告诉米拉，商品图像中的商品是整张图像的主体，如果商品图像拍摄的效果不佳，可以通过图像修饰工具来修饰商品图像。米拉自告奋勇为老洪修饰一张耳环图像，分别使用涂抹工具 、加深工具 、锐化工具 和减淡工具 来进行处理。修饰耳环前后的效果如图4-17所示，下面具体讲解其制作方法。

商品图像高清彩图

图4-17 修饰耳环前后的效果

素材所在位置　素材文件\第4章\课堂案例\耳环.jpg
效果所在位置　效果文件\第4章\耳环.jpg

4.2.1　使用涂抹工具处理珍珠

　　使用涂抹工具█可以扭曲图形和使图形的颜色融合。下面使用涂抹工具█对珍珠的颜色进行融合，使其表面的杂质消失，具体操作如下。

（1）打开"耳环.jpg"图像文件，如图4-18所示。在工具箱中选择涂抹工具█，在其工具属性栏中设置大小为"42像素"，强度为"67%"，将鼠标指针移动到左侧珍珠中间的黑色区域上，如图4-19所示。

（2）按住鼠标左键缓缓向下拖动鼠标指针，将颜色涂抹均匀并使黑色延伸到下方的区域，如图4-20所示。

图4-18　打开图像文件

图4-19　设置涂抹工具参数

图4-20　涂抹珍珠

（3）使用相同的方法处理珍珠其他部分和另一颗珍珠。为避免颜色溢出珍珠边缘，在处理边缘时，可先绘制选区，然后在选区中操作，使处理后的珍珠的光泽更加自然，效果如图4-21所示。

多学一招	**手指绘画的使用**
	使用涂抹工具█时，在其工具属性栏中勾选 ☑手指绘画复选框，可以形成类似用手指涂抹时产生的不均匀涂抹效果。

图4-21　涂抹珍珠的效果

4.2.2　使用加深工具加深珍珠

　　在白色背景下拍摄的珍珠会失去部分黑色光泽，下面使用加深工具█修复珍珠的颜色。在加深过程中，主要使用大的加深笔刷进行涂抹，实现颜色的递减加深，具体操作如下。

（1）为珍珠创建选区，在工具箱中的减淡工具组上单击鼠标右键，选择加深工具█，在其工具属性栏中设置画笔样式为"柔边圆"、大小为"160像素"，设置"范围"为"中间调"，设置"曝光度"为"100%"，勾选 ☑保护色调复选框，如图4-22所示。

（2）在珍珠上拖动鼠标指针，对其进行加深操作，效果如图4-23所示。

图4-22　使用加深工具　　　　　　　　　　　图4-23　珍珠加深效果

4.2.3　使用锐化工具处理钻石

锐化工具 △能使模糊的图像变得清晰，使其更具有质感。使用锐化工具时要注意，若反复涂抹图像的某一区域，会造成图像失真。下面对耳环上的钻石进行处理，让其更加有质感，具体操作如下。

（1）为钻石区域创建选区，在工具箱中选择锐化工具 △，设置锐化画笔大小为"50像素"，"强度"为"100%"，勾选 ☑ 保护细节 复选框，如图4-24所示。

（2）在钻石区域拖动鼠标指针，会发现钻石的纹理变得清晰，对于细微处还可以按"［"键缩小画笔进行涂抹，效果如图4-25所示。

微课视频

使用锐化工具处理
钻石

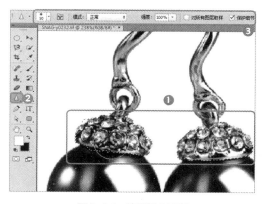

图4-24　使用锐化工具　　　　　　　　　　　图4-25　钻石锐化效果

多学
一招

模糊工具和锐化工具的使用

与锐化工具 △相对应的是模糊工具，模糊工具 ○用于对图像进行模糊处理。模糊工具 ○和锐化工具 △适合处理小范围的图像细节，若要对图像整体进行处理，使用"模糊"滤镜和"锐化"滤镜更为快捷。

4.2.4 使用减淡工具处理钻石和耳环钩子

使用减淡工具 可以快速提高图像中特定区域的亮度。下面对钻石和耳环钩子进行减淡操作，并调整色阶，使图像更加明亮，具体操作如下。

微课视频

使用减淡工具处理
钻石和耳环钩子

（1）保持钻石区域的选择状态，选择工具箱中的减淡工具 ，在其工具属性栏中设置大小为"50像素"，设置"范围"为"阴影"，设置"曝光度"为"100%"，如图4-26所示。

（2）在钻石区域拖动鼠标指针，对钻石进行减淡处理，效果如图4-27所示。

（3）为耳环钩子区域创建选区，选择工具箱中的减淡工具 ，在其工具属性栏中设置大小为"360像素"，设置"范围"为"中间调"，设置"曝光度"为"100%"，勾选 保护色调复选框，如图4-28所示。

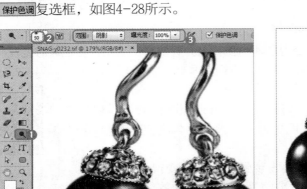

图4-26 对钻石区域使用减淡工具

图4-27 钻石的减淡效果

（4）在耳环钩子区域拖动鼠标指针，对其进行减淡处理，效果如图4-29所示。

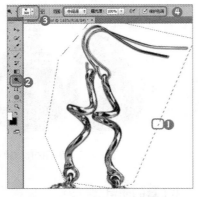

图4-28 对钻石区域使用减淡工具

图4-29 耳环钩子的减淡效果

（5）按"Ctrl+D"组合键取消选区，按"Ctrl+L"组合键打开"色阶"对话框，在左侧文本框中输入"23"，单击 确定 按钮，如图4-30所示。

（6）返回工作界面查看调整后的耳环效果，如图4-31所示。

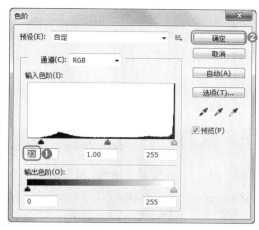

图4-30 调整色阶

图4-31 调整后的耳环效果

4.3 项目实训

4.3.1 修饰艺术照

1. 实训目标

对一张有瑕疵的人物艺术照进行修饰，并为人物面部添加方格图案，使照片更具艺术性。修饰艺术照前后的对比效果如图4-32所示。

 素材所在位置 素材文件\第4章\项目实训\人物.jpg
效果所在位置 效果文件\第4章\项目实训\人物.psd

 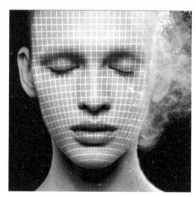

微课视频

修饰艺术照

图4-32 修饰艺术照前后的对比效果

2. 相关知识

在平面设计中，艺术照是一种非常常见的表现形式，并且通常会被设计者赋予更多内容。它不仅仅是好看的照片，还被用于提高视觉冲击、强化设计内容和体现设计风格。很多作品都为艺术照人物添加了各种特殊效果，使其具有个性，并与设计主题搭配。

本实训主要使用仿制图章工具 和图案图章工具 对艺术照进行处理，使艺术照呈现出科技感。

3. 操作思路

完成本实训需要打开对应图像文件，使用仿制图章工具 处理人物面部的瑕疵，使用矩形选框工具 和图案图章工具 制作人物面部的方格图案，操作思路如图4-33所示。

① 打开素材文件　　　　　② 修复瑕疵　　　　　③ 制作方格图案效果

图4-33　修饰艺术照的操作思路

【步骤提示】

（1）打开"人物.jpg"图像文件，在工具箱中选择仿制图章工具 ，在其工具属性栏中设置画笔大小为"20像素"，画笔样式为"硬边圆"。

（2）使用仿制图章工具 取样，并覆盖人物面部的瑕疵。

（3）在工具箱中选择污点修复画笔工具 ，在其工具属性栏中设置画笔大小为"40像素"，单击选中 近似匹配 单选项和勾选 ☑对所有图层取样 复选框，修复肤色不统一的区域。

（4）在"背景"图层上按"Ctrl+J"组合键，复制"图层1"图层，并隐藏"背景"图层。新建一个空白的"图层2"图层。选择"图层2"图层，在工具箱中选择矩形选框工具 ，绘制一个覆盖人物面部的选区。

（5）在工具箱中选择图案图章工具 ，在其工具属性栏中设置画笔大小为"400像素"。单击"图案"右侧的下拉按钮，在打开的下拉列表中单击 按钮，在弹出的下拉列表中选择"图案"选项。

（6）在"图案"下拉列表框中选择"拼贴-平滑（128 像素×128 像素，灰度模式）"图案，并涂抹选区。

（7）变换选区，使图案与面部重合。在工具箱中选择橡皮擦工具 ，设置橡皮擦大小为"100像素"，画笔样式为"硬边圆"，擦除多余的方格图案。

4.3.2　修饰杯子

1. 实训目标

对杯子进行修饰，需要使用减淡工具 、加深工具 和画笔工具 等。修饰杯子前后的对比效果如图4-34所示。

素材所在位置　素材文件\第4章\项目实训\杯子.jpg
效果所在位置　效果文件\第4章\项目实训\杯子.psd

微课视频

修饰杯子

图4-34 修饰杯子前后的对比效果

2. 相关知识

对商品图像进行修饰主要是修饰商品图像的瑕疵等不足的地方，使其对比鲜明、主体清晰。在修饰商品图像时，切忌为了美化商品图像而使其与真实商品颜色不符，且不能去掉原有的图像元素，为商品售后埋下隐患。在制作特殊效果时，还应整体把握图像的布局，遵循设计原则。

3. 操作思路

本实训主要包括将杯子抠取到新建的背景上、调整杯子和花纹的亮度，以及绘制阴影3个步骤，操作思路如图4-35所示。

① 将杯子抠取到新建的背景上　② 调整杯子和花纹的亮度　③ 绘制阴影

图4-35 修饰杯子的操作思路

【步骤提示】

（1）打开"杯子.jpg"图像文件，新建图层并填充颜色（R:196,G:229,B:241），为杯子创建选区，按"Ctrl+J"组合键将杯子复制到新图层上，并将该图层移动到蓝色背景图层上方。

（2）使用减淡工具 减淡杯子高光区域的颜色，使用加深工具 加深花纹的颜色，使杯子对比鲜明。

（3）在杯子图层下方创建图层，使用画笔工具 绘制阴影，增强杯子的立体感。

4.4　课后练习

本章主要介绍了修饰图像时需要用到的一些工具，包括污点修复画笔工具、修复画笔工具、修补工具、图案图章工具、锐化工具、涂抹工具、减淡工具和加深工具等。读者应重点掌握本章的内容，以便提高工作效率。

练习1：制作双胞胎效果图

将一张幼儿照片制作成双胞胎效果图，对比效果如图4-36所示。

素材所在位置　素材文件\第4章\课后练习\小孩.jpg
效果所在位置　效果文件\第4章\课后练习\小孩.jpg

微课视频

制作双胞胎效果图

图4-36　制作双胞胎效果图前后的对比效果

【步骤提示】

（1）打开"小孩.jpg"图像文件，选择工具箱中的修补工具 并沿人物绘制选区。

（2）单击选中工具属性栏中的 目标单选项，将鼠标指针放置到选区中按住鼠标左键向左拖动鼠标指针，释放鼠标左键后即可得到复制的图像。

（3）选择仿制图章工具 ，按住"Alt"键的同时单击取样人物右侧手边的衣服，拖动鼠标指针对复制的部分玩具区域进行修复。

（4）按"Ctrl+D"组合键取消选区，完成双胞胎效果图的制作。

练习2：去除人物眼镜

将人物照片中的眼镜去除，对比效果如图4-37所示。

素材所在位置　素材文件\第4章\课后练习\去除眼镜.jpg
效果所在位置　效果文件\第4章\课后练习\去除眼镜.psd

微课视频

去除人物眼镜

图4-37　去除人物眼镜前后的对比效果

【步骤提示】

（1）打开"去除眼镜.jpg"图像文件。

（2）使用仿制图章工具 去除眼镜。

（3）使用修复画笔工具 修复眼镜周围的皮肤，完成图像的制作。

4.5　技巧提升

1.　通过"仿制源"面板设置修复的样本

　　"仿制源"面板中的选项需要配合仿制图章工具 或修复画笔工具 使用。利用"仿制源"面板可设置不同的样本源，以及缩放、旋转和位移样本源，从而在仿制源时更好地匹配目标的大小和方向。打开一个图像文件后，选择"窗口"/"仿制源"菜单命令，即可打开"仿制源"面板。

　　"仿制源"面板中主要选项的作用如下。

- ● **"仿制源"按钮** 。单击该按钮后，选择仿制图章工具 或修复画笔工具 ，按住"Alt"键并在图像中单击，可设置取样点。单击其后的"仿制源"按钮 ，可继续拾取不同的取样点（最多可设置5个不同的取样点）。
- ● **位移**。可在其文本框中输入精确的数值指定X和Y方向的位移，并可在相对于取样点的精确位置设置仿制源。"位移"的右侧为"缩放"文本框，默认情况下用来约束比例，在"W"和"H"文本框中输入数值，可缩放仿制的源。在"角度"文本框中输入数值，可旋转仿制源。
- ● ![锁定帧] **复选框**。勾选该复选框，可保持使用与初始取样相同的帧进行仿制。
- ● ![显示叠加] **复选框**。勾选该复选框，可在其下方列表框中设置叠加的方式（包括正常、变亮、变暗和差值），方便对图像进行修复，使效果融合得更好。
- ● ![自动隐藏] **复选框**。勾选该复选框，可在应用绘画描边时隐藏叠加效果。
- ● ![已剪切] **复选框**。勾选该复选框，可剪裁叠加取样点至当前画笔大小，取消勾选该复选框则恢复为样本原大小。

2.　内容感知移动工具

　　在修复图像时，常会遇到移动或复制图像的情况，此时，可使用内容感知移动工具 进行移动或复制。移动图像时，还可将源位置的图像自动隐藏，无须再进行擦除等操作，提高了修复图像的效率。其方法为：打开图像文件，选择内容感知移动工具 ，在其工具属性栏中设置模式为"移动"，在"适应"下拉列表框中选择"中"选项，在图像中拖动鼠标指针创建选区；将鼠标指针放置在选区内，按住鼠标左键不放并向右侧拖动，释放鼠标左键后可看到图像已移动，原位置的图像被隐藏，按"Ctrl+D"组合键取消选区；最后使用仿制图章工具 和修补工具 ，对源位置的图像进行处理。

3.　海绵工具

　　海绵工具 位于工具箱的减淡工具组中，用于在图像中增加或降低颜色的饱和度，从而调整图像颜色。海绵工具 与减淡工具 的工具属性栏中的大部分参数一致，其特有参数的含义如下。

　　"模式"下拉列表框：用于选择降低或增加颜色的饱和度。

　　"流量"文本框：用于设置使用海绵工具 时的强度。

　　海绵工具 的使用方法为：在工具箱中的减淡工具组上单击鼠标右键，选择海绵工具 ，在其工具属性栏中设置画笔的样式、大小，设置模式为降低或增加颜色饱和度，然后在图像中拖动鼠标指针进行涂抹，直到符合要求。

第 5 章

图层的初级应用

情景导入

米拉在公司实习了两周，对图像处理有了更多的认识，于是老洪决定带领米拉接触各种类型的设计作品。

学习目标

● 掌握合成"草莓城堡"图像的方法。 包括创建图层、编辑图层、创建图层组、复制和链接图层、锁定和合并图层等。	● 掌握合成"饮料海报"图像的方法。 包括设置图层混合模式、图层样式、图层不透明度等。

案例展示

▲合成"草莓城堡"图像

▲合成"饮料海报"图像

5.1　课堂案例：合成"草莓城堡"图像

老洪让米拉独自设计一幅作品，米拉在收集相关素材后，决定合成一个"草莓城堡"图像。要完成"草莓城堡"图像，需要将现有的图片置入新的图像文件中，生成相应的图层，然后通过编辑和重新组织图层中的图像来实现合成效果，涉及的知识点主要有图层的创建与编辑及图层的管理等操作。"草莓城堡"图像的参考效果如图5-1所示，下面具体讲解其制作方法。

素材所在位置　素材文件\第5章\课堂案例\草莓城堡\
效果所在位置　效果文件\第5章\草莓城堡.psd

图5-1　"草莓城堡"图像的参考效果

扫一扫

"草莓城堡"图像
高清彩图

行业提示

合成图像的注意事项

为了使合成图像的效果更逼真，在合成图像时，通常需要对各图层的颜色基调进行处理，使各图层与背景自然融合。特别是色彩和纹理要过渡自然，还要注意阴影的方向应与背景光影保持一致。

5.1.1　认识"图层"面板

"图层"面板是查看和管理图层的场所，如图5-2所示。

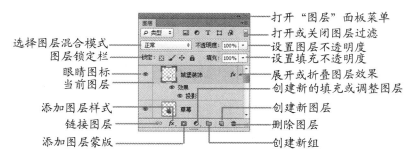

图5-2　"图层"面板

"图层"面板中各主要选项的作用如下。

● **选择图层混合模式：**用于选择当前图层的混合模式，使其与下面图层的图像混合。

● **设置图层不透明度：**用于设置图层的不透明度，使其呈透明状态显示。

● **设置填充不透明度：**用于设置图层的填充不透明度，但不会影响图层效果。

- **图层锁定栏**。用于锁定当前图层的透明像素▦、图像像素✎、位置✛和全部属性🔒，使其不能编辑。
- **当前图层**：当前选择或正在编辑的图层，以蓝色底纹突出显示。
- **眼睛图标👁**：**单击可以隐藏或显示图层**。当图层左侧显示有此图标时，表示图像窗口将显示该图层的图像；单击后图标消失，图层隐藏。
- **展开或折叠图层效果**：单击箭头图标，可以展开或折叠显示图层添加的效果。
- **链接图层**：将选择的多个图层链接在一起，若图层名称右侧显示🔗图标，则表示这些图层为链接图层。
- **删除图层**：单击该按钮可删除当前选择的图层。
- **打开"图层"面板菜单**：单击该按钮将弹出下拉菜单，用于管理和设置图层属性。

5.1.2 创建图层

一个图像通常由若干对象组成，每个对象分别放置于不同的图层中，这些图层叠放在一起可形成丰富的图像效果，增加或删除任何一个图层都可能影响整体图像效果。

1．新建图层

要新建一个图层，首先要新建或打开一个图像文件。下面打开"白云.jpg"图像文件，并新建图层，再为图层添加渐变效果，具体操作如下。

（1）打开"白云.jpg"图像文件，将其存储为"草莓城堡.psd"文件。单击"图层"面板底部的"创建新图层"按钮🔲，新建"图层1"图层。在工具箱中选择渐变工具▦，在工具属性栏中单击"渐变编辑器"按钮▭▾，如图5-3所示，打开"渐变编辑器"对话框。

（2）在渐变条左下侧滑动色标，在"色标"栏的"颜色"色块上单击，打开"拾色器（色标颜色）"对话框，设置颜色为深绿色（R:71,G:130,B:17），单击 确定 按钮，如图5-4所示。

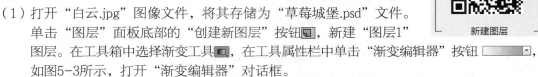

图5-3　新建图层

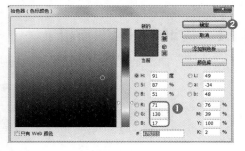

图5-4　设置渐变颜色

（3）在渐变条下方需要的位置单击，添加色块，使用相同的方法设置颜色为黄色（R:245,G:249,B:181），设置右侧的色块颜色为蓝色（R:77,G:149,B:186），单击 确定 按钮，如图5-5所示。

（4）由下向上拖动鼠标指针渐变填充"图层1"图层，在"选择图层混合模式"下拉列表框中选择"强光"选项，返回工作界面查看添加混合模式后的渐变效果，如图5-6所示。

（5）选择"图层"/"新建"/"图层"菜单命令，或按"Ctrl+Shift+N"组合键打开"新建图层"对话框。在"名称"文本框中输入"深绿"，在"颜色"下拉列表框中选择"绿色"选项，单击 确定 按钮，新建一个图层，如图5-7所示。

图5-5 设置其他渐变颜色

图5-6 填充渐变颜色并设置混合模式

（6）选择渐变工具 ，设置渐变样式为"由黑色到透明"，在图像中从右下向左上拖动
鼠标指针渐变填充图层，并设置图层混合模式为"叠加"，添加渐变样式后的效果如
图5-8所示。

图5-7 使用"新建图层"对话框新建图层

图5-8 添加渐变样式后的效果

2．新建背景图层

背景图层是新建文档或打开图像文件时创建的图层，默认为锁定状态，且图层名称为
"背景"。如果图像文件中没有背景图层，则可以将图像文件中的某个图层新建为背景图
层。选择需要新建为背景图层的图层，选择"图层"/"新建"/"图层背景"菜单命令，此
时被选择的图层自动转换为背景图层并置于整个图像的最下方，呈锁定状态，图层上未填充
的区域将自动填充背景色，如图5-9所示。

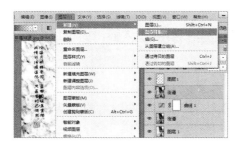

图5-9 新建背景图层

3．新建文字图层

文字图层是使用文字工具组时自动创建的图层，可以使用文字工具组对其中的文字进行编辑。选择文字工具，在图像中需要输入文字的区域单击并输入文字，如"水色"。此时，"图层"面板中将自动新建名为"水色"的文字图层。

4．新建填充图层

填充图层是指使用某种单一颜色、渐变颜色或图案对图像或选区进行填充，填充后的内容单独所在图层，可以随时改变填充的内容。打开需要设置填充图层的图像文件，选择"图层"/"新建填充图层"/"渐变"菜单命令，打开"新建图层"对话框。在"名称"文本框中输入图层的名称，在"颜色"下拉列表框中选择颜色，在"不透明度"文本框中设置不透明度，单击 确定 按钮新建填充图层，如图5-10所示。新建填充图层后，可根据需要编辑图层的填充效果，如渐变填充等。

图5-10　新建填充图层

5．新建形状图层

使用形状工具组中的工具在图像中绘制图形时将自动新建形状图层。例如选择矩形工具 ，在图像中需要绘制矩形的区域按住鼠标左键不放并进行拖动绘制矩形，释放鼠标左键后，"图层"面板中自动新建名为"矩形1"的图层，如图5-11所示。

图5-11　新建形状图层

6．新建调整图层

调整图层将"曲线""色阶""色彩平衡"等调整命令实现的效果单独存放在一个图层中，调整图层下方的所有图层都会受到这些效果的影响。选择"图层"/"新建图层"菜单命令，弹出的子菜单中将显示调整图层的类型。例如，选择"曲线"命令，在打开的对话框中设置相关参数后，单击 确定 按钮即可新建调整图层。双击新建的调整图层，打开"属性"面板，在其中拖动曲线上的结点可以调整图层的色阶，如图5-12所示。

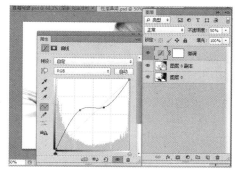

图5-12 调整图层

5.1.3 选择并修改图层名称

要对图层进行编辑，需要先选择图层。为了区分各个图层，还可以修改图层名称。下面抠取"草莓.jpg"图像文件中的草莓，并将其移动到"草莓城堡.psd"图像窗口中，然后打开"草莓阴影.psd"图像文件，将草莓阴影移动到草莓图像的下方，重命名图层，具体操作如下。

微课视频

选择并修改图层名称

（1）打开"草莓.jpg"图像文件，选择魔棒工具 ，选取草莓的背景图像，并按"Ctrl+Shift+I"组合键反选选区。

（2）使用移动工具 将草莓移动到"草莓城堡.psd"图像窗口中，按"Ctrl+T"组合键进入自由变换状态，按住"Shift"键调整图像大小，然后调整图像的方向，并将其放置到合适的位置，如图5-13所示。

（3）打开"草莓阴影.psd"图像文件，使用移动工具 将草莓阴影拖动到"草莓城堡.psd"图像窗口中，按"Ctrl+T"组合键进入自由变换状态。按住"Shift"键调整图像大小，并将图像放置到合适的位置，如图5-14所示。

图5-13 调整草莓大小   图5-14 调整草莓阴影大小

（4）在"图层"面板中选择"草莓阴影"图层，按住鼠标左键不放，将其拖动到"图层2"图层的下方，此时可发现草莓阴影在草莓的下方，如图5-15所示。

（5）打开"石板.jpg"图像文件，选择矩形选框工具 ，在工具属性栏中设置"羽化"为"20像素"，在石板的小石子区域绘制矩形选框，如图5-16所示。

图5-15　调整图层位置　　　　　　　　图5-16　绘制矩形选框

（6）选择移动工具 ，将石板移动到"草莓城堡.psd"图像窗口中，按"Ctrl+T"组合键，
　　变换图像将石板调整到合适的位置，如图5-17所示。

（7）在打开的"图层"面板中选择"图层2"图层，选择"图层"/"重命名图层"菜单命
　　令，此时所选图层的名称呈可编辑状态，将其重命名为"草莓"。

（8）在打开的"图层"面板中选择"图层3"图层，在图层名称上双击，此时图层名称变为
　　可编辑状态，在其中输入新名称"石子路"，如图5-18所示。

图5-17　调整石板位置　　　　　　　　图5-18　重命名图层

5.1.4　调整图层的顺序

　　由于图层中的图像具有上层覆盖下层的特性，所以适当调整图层
的排列顺序可以制作出丰富的图像效果。下面打开"城堡.psd""飞
鸟.psd""飞鸟1.psd""叶子.psd"等图像文件，将素材拖动到"草莓
城堡.psd"图像文件中，并调整图层的顺序，具体操作如下。

微课视频

调整图层的顺序

（1）打开"城堡.psd"图像文件，使用移动工具 将其拖动到"草莓
　　城堡.psd"图像窗口中，按"Ctrl+T"组合键调整图像大小，并将
　　其放置到合适的位置，如图5-19所示。

（2）使用相同的方法，打开"飞鸟.psd""飞鸟1.psd""叶子.psd"图像文件，使用移动工
　　具 将这些图像拖到"草莓城堡.psd"图像窗口中，按"Ctrl+T"组合键调整图像大
　　小，并放置到合适的位置。

（3）选择飞鸟所在的图层，在图层名称上双击，此时图层名称变为可编辑状态，在其中输入
　　新名称"飞鸟1"。使用相同的方法，将其他图层分别重命名为"飞鸟2""绿草""城
　　堡装饰"，如图5-20所示。

图5-19　添加和调整图像

图5-20　为图层重命名

（4）在"图层"面板中选择"石子路"图层，选择"图层"/"排列"/"后移一层"菜单命令，或按"Ctrl+["组合键将其向下移动两个图层，使其位于"草莓阴影"图层的下方，如图5-21所示。

（5）选择"飞鸟1"图层，按住鼠标左键不放将其拖动到"草莓阴影"图层的下方。使用相同的方法，将"飞鸟2"图层拖动到"飞鸟1"图层下方，将"绿草"图层拖动到"石子路"图层下方，如图5-22所示。

图5-21　使用菜单命令移动图层

图5-22　使用拖动的方法移动图层

5.1.5　创建图层组

图像中需要添加的素材很多，若依次重命名图层就会很烦琐，可以创建图层组统一放置同类型的图层或相关图层。下面在"草莓城堡.psd"图像文件中为与"城堡"相关的图层创建图层组，具体操作如下。

微课视频

创建图层组

（1）选择"图层"/"新建"/"组"菜单命令，打开"新建组"对话框，在"名称"文本框中输入图层组名称"草莓城堡"，单击 确定 按钮如图5-23所示。

（2）按住"Shift"键不放，同时选择"城堡装饰""草莓""草莓阴影"图层，将这3个图层向上拖动到"草莓城堡"图层组上，将图层添加到该图层组中，此时发现所选图层在"草莓城堡"图层组的下方显示。

（3）在"图层"面板下方单击"创建新组"按钮 ，创建图层组"组1"。双击图层组名称，使图层名称进入可编辑状态，在其中输入"草莓城堡辅助图层"。选择需要移动到该图层组中的图层，这里选择"石子路""绿草"图层，按住鼠标左键不放，将这两个图层拖动到"草莓城堡辅助图层"图层组中，如图5-24所示。

图5-23　使用菜单命令创建图层组　　　　　　图5-24　使用按钮创建图层组

5.1.6　复制图层

复制图层是指为已存在的图层创建相同的图层副本。下面复制"草莓城堡.psd"图像文件中的"飞鸟1"图层和"飞鸟2"图层，并对复制的图层进行编辑，具体操作如下。

微课视频
复制图层

（1）在"图层"面板中选择"飞鸟1"图层，选择"图层"/"复制图层"菜单命令，打开"复制图层"对话框，单击 确定 按钮，如图5-25所示。

（2）在工具箱中选择移动工具，将鼠标指针移动到图像窗口中的"飞鸟1"图层上，按住鼠标左键不放并进行拖动。按"Ctrl+T"组合键调整复制得到的图像的大小和旋转角度，如图5-26所示。

图5-25　通过命令复制图层　　　　　　　　图5-26　调整复制图层

（3）选择"飞鸟1"图层，按住鼠标左键将其向下拖动到面板底部的"创建新图层"按钮上，释放鼠标左键新建一个图层，其默认名称为所选图层名称加上"副本"二字，如图5-27所示。

（4）调整复制图层中图像的大小和位置，将鼠标指针移动到"飞鸟2"图层上。按住"Alt"键不放，拖动鼠标指针复制"飞鸟2"图层，调整图层中图像的大小和位置，完成复制操作，如图5-28所示。

图5-27　通过按钮复制图层

图5-28　调整复制图层

5.1.7　链接图层

链接图层是指将多个图层链接成一组，以便同时对多个图层进行对齐、分布、移动和复制等操作。在本案例中，由于需要调整所有飞鸟的位置，所以可将飞鸟所在的图层链接起来，具体操作如下。

微课视频

链接图层

（1）按住"Shift"键选择"飞鸟1"所在的3个图层，在"图层"面板底部单击"链接图层"按钮，链接所选图层，如图5-29所示。

（2）按住"Shift"键选择"飞鸟2"所在的两个图层，单击鼠标右键，在弹出的快捷菜单中选择"链接图层"命令，链接选择的图层，如图5-30所示。

图5-29　通过按钮链接图层

图5-30　通过命令链接图层

多学一招

撤销图层链接

选择所有的链接图层，单击"图层"面板底部的"链接"按钮可取消所有图层的链接。若只想取消某个图层与其他图层间的链接，只需选择该图层，再单击"图层"面板底部的"链接"按钮即可。

5.1.8　锁定图层和合并图层

锁定图层能够保护图层中的内容不被编辑，合并图层能够减少图层占用的空间，提高工作效率。下面锁定"草莓城堡.psd"图像文件中的"草莓城堡"图层组，然后合并前面填充的图层。

1. 锁定图层

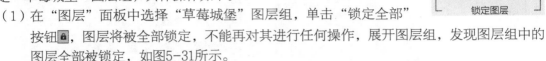

"图层"面板中的"锁定"栏提供了锁定透明像素、锁定图像像素、锁定位置和锁定全部等功能。下面使用锁定全部和锁定位置功能锁定"草莓城堡"图层组，具体操作如下。

（1）在"图层"面板中选择"草莓城堡"图层组，单击"锁定全部"按钮🔒，图层将被全部锁定，不能再对其进行任何操作，展开图层组，发现图层组中的图层全部被锁定，如图5-31所示。

（2）按住"Shift"键选择"飞鸟1"所在的3个图层，单击"锁定位置"按钮✛，如图5-32所示。此时，将不能移动图层。

图5-31　锁定图层组　　　　　　　　图5-32　锁定位置

2. 合并图层

合并图层能将两个或多个不同的图层合并到一个图层中显示。下面合并"背景"图层和"深绿"图层，具体操作如下。

（1）按住"Ctrl"键选择"深绿"图层和"背景"图层，在其上单击鼠标右键，在弹出的快捷菜单中选择"合并图层"命令，如图5-33所示。

（2）返回"图层"面板，发现"深绿"图层已被合并，对应的"背景"图层颜色变深。按"Ctrl+S"组合键保存图像文件，效果如图5-34所示。

图5-33　合并图层　　　　　　　　图5-34　完成后的效果

5.2　课堂案例：合成"饮料海报"图像

　　这几天公司需要为客户做几个方案，老洪认为米拉已经接触了很多类型的设计作品，决定让米拉尝试进行设计。刚好一家公司计划为一款饮料做宣传活动，需要设计饮料活动海报，这个任务自然落到了米拉头上。完成该任务，除了要用到创建图层的知识外，还涉及设置图层不透明度、设置图层混合模式等操作。本案例的参考效果如图5-35所示，下面具体讲解其制作方法。

> **行业提示**
>
> ### 海报的版式设计
>
> 　　海报非常重视视觉设计，高品质的海报不仅要有可以吸引人注意的视觉元素，还需要有合理、协调的整体效果。在海报设计中，一般会在受众视线焦点的位置放置重要信息内容，再通过对称、均衡、方向、中心、空白、分割、韵律、点线面等编排设计原理，对海报进行编排设计。

素材所在位置　素材文件\第5章\课堂案例\饮料海报\
效果所在位置　效果文件\第5章\饮料海报.psd

图5-35　"饮料海报"图像参考效果

扫一扫

"饮料海报"图像
高清彩图

5.2.1　设置图层混合模式

　　图层混合模式是指对上面图层像素与下面图层像素的混合方式。Photoshop CS6提供了20多种图层混合模式，不同的图层混合模式可以产生不同的效果。下面制作饮料海报，设置水珠与饮料瓶的混合模式，得到水珠附着在饮料瓶上的效果，具体操作如下。

微课视频

设置图层混合模式

（1）新建一个980像素×1500像素、名为"饮料海报"的空白图像文件。在工具箱中选择渐变工具▨，在工具属性栏中单击"渐变编辑器"按钮▰▰▰▱，打开"渐变编辑器"对话框，拖动渐变条下方左侧的色标，在"色标"栏的"颜色"色块上单击，打开"拾色器（色标颜色）"对话框，设置颜色为浅黄色（R:248,G:237,B:186），使用相同的方法将右侧色标的颜色设置为黄色（R:254,G:217,B:19），单击 确定 按钮，如图5-36所示。

（2）在"背景"图层中由上向下拖动鼠标指针填充渐变颜色，打开"饮料瓶.png"图像文件，将其中的图像拖动到"饮料海报.psd"图像窗口中，并调整其大小和位置，如图5-37所示。

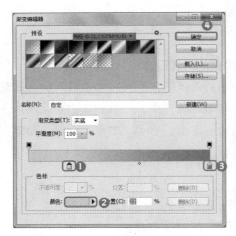

图5-36　设置渐变　　　　　图5-37　添加饮料瓶

（3）在"图层"面板中双击饮料瓶所在的图层，打开"图层样式"对话框，勾选 ☑ 投影 复选框，设置投影的颜色为蓝色（R:204,G:167,B:57）、角度为"120度"、距离为"16像素"、扩展为"3%"、大小为"32像素"，单击 确定 按钮，加强饮料瓶的立体感，如图5-38所示。

图5-38　设置投影

（4）打开"水珠.jpg"图像文件，按"Ctrl+A"组合键将其选择，在工具箱中选择移动工具 ▶╋ ，将水珠拖动到"饮料海报.psd"图像窗口中，调整位置，使其位于啤酒瓶上部，设置水珠所在的图层的混合模式为"叠加"，如图5-39所示。

（5）在水珠所在的图层上单击鼠标右键，在弹出的快捷菜单中选择"创建剪贴蒙版"命令，将水珠裁剪到啤酒瓶中，在工具箱中选择橡皮擦工具 ✐ ，在工具属性栏中设置橡皮擦大小为"100"，不透明度为"100%"，在水珠下边缘拖动鼠标指针擦除边缘，使其与啤酒瓶自然融合，如图5-40所示。

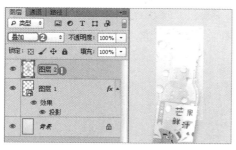
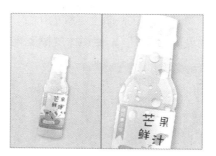

图5-39 设置图层的混合模式　　　图5-40 添加水珠

5.2.2 设置图层不透明度

设置图层的不透明度可以淡化该图层中的图像，使下方的图层显示出来。设置的不透明度越小，图像越透明。下面在饮料海报中添加水纹、水花和水泡，通过设置图层的不透明度与擦除部分图像合成饮料瓶浸泡在水中的效果，具体操作如下。

（1）打开"水纹.jpg"图像文件，按"Ctrl+A"组合键将其选择，在工具箱中选择移动工具 ，将该图像拖动到"饮料海报.psd"图像窗口中，调整位置和大小，使其位于啤酒瓶中间部分，如图5-41所示。

（2）在"图层"面板中选择水纹所在的图层，在工具箱中选择橡皮擦工具 ，在工具属性栏中设置橡皮擦大小为"180"，不透明度为"100%"，流量为"60%"，并在水纹上下边缘拖动鼠标指针擦除边缘，如图5-42所示。

（3）按住"Ctrl"键单击饮料瓶缩略图，载入饮料瓶选区，选择水纹所在图层，使用橡皮擦工具 擦除饮料瓶上多余的水纹，如图5-43所示。

图5-41 添加水纹　　　　　图5-42 擦除边缘　　　图5-43 擦除饮料瓶上多余的水纹

（4）按"Ctrl+D"组合键取消选区，将"水花.png"图像文件中的图像添加到"啤酒海报.psd"图像窗口中，调整位置，使其位于饮料瓶与水纹的上部，使用橡皮擦工具 擦除下部多余的水花，在"图层"面板中选择水花所在的图层，设置其不透明度为"85%"，如图5-44所示。

（5）将"水泡.png"图像文件中的图像添加到"饮料海报.psd"图像窗口中，调整位置与大小，使其位于饮料瓶上水纹的下部，在"图层"面板中选择水泡所在的图层，设置其不透明度为"60%"，使用橡皮擦工具擦除多余的水泡，效果如图5-45所示。

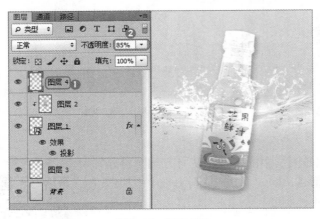
图5-44 添加水花

图5-45 添加水泡

5.2.3 设置图层样式

在编辑图层时，可为图层添加各种样式，如投影、内阴影、描边、渐变叠加、外发光和内发光等。为图层应用图层样式，可以使图像的效果更加丰富。下面为饮料海报添加文字，为文字图层设置描边、渐变叠加图层样式，丰富文字效果，具体操作如下。

（1）将"水花装饰.png"图像文件中的图像添加到"饮料海报.psd"图像窗口中，调整其位置和大小，使其位于水纹的左上方，效果如图5-46所示。

（2）在工具箱中选择钢笔工具，在工具属性栏中设置绘图模式为"形状"，设置填充颜色为橙色（R:236,G:152,B:18），取消描边，在图像上方绘制橙色形状，如图5-47所示。

（3）在工具箱中选择横排文字工具，在工具属性栏中设置字体为"方正卡通简体"，字号为"346点"，在图像窗口中输入文字"芒"，按"Ctrl+Enter"组合键完成操作，如图5-48所示。

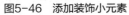
图5-46 添加装饰小元素

图5-47 绘制形状

图5-48 输入文字

（4）在"图层"面板中选择"芒"图层，单击"图层"面板下方的"添加图层样式"按钮，在弹出的下拉列表中选择"描边"选项，如图5-49所示。

（5）打开"图层样式"对话框，勾选 ☑描边 复选框，在"大小"文本框中输入"35"，单击颜色色块，设置描边颜色为橙色（R:237,G:157,B:19），如图5-50所示。

图5-49 选择图层样式

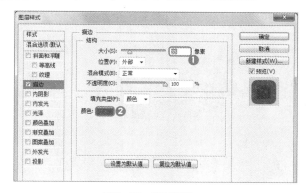

图5-50 设置描边

（6）勾选 ☑渐变叠加 复选框，设置渐变颜色为浅黄色（R:254,G:225,B:121）、白色（R:255,G:255,B:255），样式为"线性"，角度为"90度"，"缩放"为"100%"，单击 确定 按钮完成设置，如图5-51所示。

（7）返回图像窗口查看描边效果和渐变叠加效果，如图5-52所示。

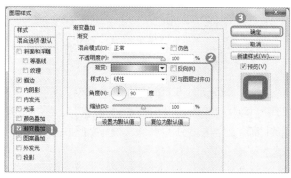

图5-51 设置渐变叠加

图5-52 描边与渐变叠加效果

（8）将"饮料杯.png"图像文件中的图像添加到"饮料海报.psd"图像窗口中，调整位置和大小，使其位于水纹的左上方。在工具箱中选择横排文字工具 T，在工具属性栏中设置字体为"方正卡通简体"、字号为"72点"、文字颜色为白色（R:255,G:255,B:255），在图像窗口中输入文字"清凉就要"，按"Ctrl+Enter"组合键完成操作。使用步骤（4）、步骤（5）的方法添加蓝色描边，效果如图5-53所示。

（9）在工具箱中选择横排文字工具 T，在工具属性栏中设置字体为"方正剪纸简体"、字号为"160点"，在图像窗口中输入文字"一夏"，按"Ctrl+Enter"组合键完成操作。使用步骤（6）的方法添加渐变叠加图层样式，更改渐变颜色为浅黄色（R:253,G:219,B:59）、白色（R:255,G:255,B:255），如图5-54所示。

（10）在工具箱中选择钢笔工具 ✐，在工具属性栏中设置工具绘图模式为"形状"，在文字周围绘制填充颜色分别为橙色（R:228,G:114,B:59）和蓝色（R:172,G:217,B:241）的装饰三角形状，如图5-55所示。

（11）打开"水珠.jpg"图像文件，选择"图像"/"图像旋转"/"90°（顺时针）"命令，旋转图像，按"Ctrl+A"组合键为图像创建选区，在工具箱中选择移动工具 ，将水珠拖动到"饮料海报.psd"图像窗口中，使其位于饮料瓶上方，在"图层"面板中将饮料杯图层移至水珠图层上方，设置水珠图层的混合模式为"叠加"，效果如图5-56所示。

图5-53　添加啤酒杯与文字

图5-54　添加文字并设置图层样式

图5-55　绘制装饰形状

图5-56　设置水珠图层混合模式

（12）在工具箱中选择橡皮擦工具 ，在工具属性栏中设置画笔大小为"100像素"，不透明度为"100%"，在水珠上下边缘拖动鼠标指针擦除文字区域外的水珠，效果如图5-57所示。

（13）在工具箱中选择矩形工具 ，在工具属性栏中设置工具绘图模式为"形状"，取消填充，设置描边颜色为白色（R:255,G:255,B:255），描边粗细为"6点"，沿着图像边缘绘制方框，在"图层"面板中选择方框所在的图层，设置其不透明度为"60%"，如图5-58所示。保存图像文件，完成饮料海报的制作。

图5-57　擦除多余水珠

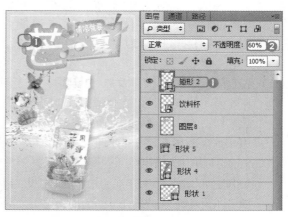

图5-58　添加方框并设置不透明度

5.3 项目实训

5.3.1 建筑效果图的后期处理

微课视频

建筑效果图的后期
处理

1. 实训目标

本实训需对建筑效果图进行后期处理，要求注意景物的远近效果、房屋的光照阴影和投影等。同时，在细节处理上必须遵循实际，比例和色彩要表现真实的效果。建筑效果图后期处理前后的对比效果如图5-59所示。

素材所在位置　素材文件\第5章\项目实训\建筑.psd、天空.jpg、配景.jpg
效果所在位置　效果文件\第5章\项目实训\建筑效果图后期处理效果.psd

图5-59　建筑效果图后期处理前后的对比效果

2. 相关知识

随着国内建筑装饰行业的日趋规范，房地产及其相关行业面临的竞争越来越激烈，市场对设计人员的要求也越来越高。如何将优秀的设计方案完美地呈现出来并打动客户，已成为每一个设计师、设计公司需要认真思考的问题。

建筑效果图又称"建筑三维效果图"，主要包括手绘效果图和计算机效果图两种。近几年，计算机技术的发展使得三维表现技术得以普及。目前，建筑行业中的三维效果图实际上是通过计算机软件来模拟真实环境的高仿真虚拟图片。其制作环节主要包括3D模型制作、渲染和后期合成，其中，3D模型制作与渲染主要运用3ds Max软件，而后期合成（就是后期处理）也称"景观处理"，主要使用Photoshop等软件。

就本实训来说，效果图中已经有了投影，玻璃上还有树木的反射，因此可以将其处理为阳光与树林中的建筑效果。确认目标效果后，应收集相关的素材，包括树木、草地、天空和人物等素材，最后在Photoshop CS6中合成和处理。

3. 操作思路

完成本实训的主要步骤包括打开建筑素材，添加草地和树木素材，添加天空素材等，最后可利用图层组管理素材，操作思路如图5-60所示。

【步骤提示】

（1）打开"建筑.psd"图像文件，复制背景图层，并将复制得到的图层重命名为"建筑"，然后隐藏背景图层。

① 打开建筑素材　　　　② 添加草地和树木素材　　　　③ 添加天空素材

图5-60　建筑效果图后期处理的操作思路

（2）打开"配景.jpg"图像文件，利用快速选取工具选择图像中的白色部分，然后反选，将选区中的图像拖动至建筑所在的图像窗口中。

（3）打开"天空.jpg"图像文件，将该图像文件中的图像拖动至建筑所在的图像窗口中，并将天空图层拖动到建筑图层下面。

（4）调整部分景观所在图层的不透明度，在"图层"面板中整理图层的名称，并利用图层组进行管理，完成制作。

5.3.2　设计男鞋广告

1．实训目标

为男鞋制作广告，要求通过编辑图层，添加背景、阴影、羽毛、文字，展现出鞋子"轻"的特征。本实训完成的参考效果如图5-61所示。

素材所在位置　素材文件\第5章\项目实训\男鞋.png、羽毛.jpg、背景.jpg
效果所在位置　效果文件\第5章\项目实训\男鞋广告.psd

微课视频

设计男鞋广告

图5-61　男鞋广告参考效果

2．相关知识

为了促进商品销售，企业通常会为自己的商品制作广告。广告一般由少量的文案、商品图像和装饰图像组成，并通过合理的排版形成一幅具有特殊意境、说服力强的画面。需要注意的是，设计时需要抓住商品的关键特征，并且对该特征进行渲染。例如，在本实训中，使用羽毛来渲染商品"轻"的特征；为了使商品图像完美地融入画面中，并使商品更加具有立体感，往往需要制作商品的阴影。

3．操作思路

完成本实训主要包括添加背景与文案、添加男鞋并制作阴影和添加羽毛特效3个步骤，操作思路如图5-62所示。

① 添加背景与文案　　　② 添加男鞋并制作阴影　　　③ 添加羽毛特效

图5-62　设计男鞋广告效果的操作思路

【步骤提示】

（1）打开"背景.jpg"图像文件，绘制白色矩形，输入文字，采用的字体有"方正毡笔黑简体""方正兰亭黑简体"，使用圆角矩形和半透明白色形状修饰文字。

（2）将"男鞋.png"图像文件中的图像添加到背景中，调整大小和位置，并设置投影图层样式。

（3）将"羽毛.jpg"图像文件中的图像添加到背景中，调整大小和位置，覆盖背景，设置图层混合模式为"变亮"，使用橡皮擦工具 🖉 擦除多余的羽毛。

5.4　课后练习

　　本章主要介绍了图层的基本操作，包括新建图层、选择图层、重命名图层、复制图层、调整图层顺序、链接图层、合并图层、设置图层样式、设置图层不透明度和设置图层混合模式等知识。读者应认真学习和掌握本章的内容，为后面设计和处理图像打下良好的基础。

练习1：制作旅行卡片

　　制作一张旅行卡片，为各图层应用不同的图层样式。旅行卡片制作前后的对比效果如图5-63所示。

素材所在位置　素材文件\第5章\课后练习\旅行\
效果所在位置　效果文件\第5章\课后练习\旅行.psd

图5-63　旅行卡片制作前后的对比效果

【步骤提示】

（1）打开"船.png""飞机.png""气球.png""旅行.psd"图像文件，将船、飞机和气球拖入"旅行.psd"图像窗口中。

（2）调整各图像的大小和位置。

（3）分别为各个图层设置图层样式。

微课视频

制作旅行卡片

练习2：制作家居图

　　在空白的墙面上添加相框，在地板上添加沙发，制作家居图，参考效果如图5-64所示。

Photoshop 图像处理立体化教程（Photoshop CS6）
（微课版）

素材所在位置	素材文件\第5章\课后练习\家居图\
效果所在位置	效果文件\第5章\课后练习\家居图.psd

微课视频
制作家居图

图5-64　家居图参考效果

【步骤提示】

（1）打开"墙.jpg""小孩.jpg"图像文件，将小孩图像拖动到"墙.jpg"图像窗口中，并调整位置和大小。

（2）为小孩图像依次添加"描边""内阴影""投影"图层样式。

（3）打开"沙发.png"图像文件，将沙发添加到"墙.jpg"图像窗口中，调整其大小和位置，添加投影效果。

（4）将图像文件保存为"家居图.psd"。

5.5 技巧提升

1. 对齐图层

对齐图层时，若要对齐的图层与其他图层存在链接关系，则可对齐与之链接的所有图层。方法为：打开图像文件，按住"Ctrl"键选择需要对齐的图层，选择"图层"/"对齐"/"水平居中"菜单命令，可将选定图层中的图像水平居中对齐，选择"图层"/"对齐"/"左边"或"右边"菜单命令，可使选定图层中的图像与左侧或右侧对齐。

2. 分布图层

分布图层与对齐图层的操作方法相似，选择移动工具██后，单击工具属性栏中"分布"按钮组的按钮可分布图层，从左至右分别为按顶分布、垂直居中分布、按底分布、按左分布、水平居中分布和按右分布。

3. 合并图层

合并图层有以下4种方法。

● **合并图层**。选择多个图层后，选择"图层"/"合并图层"菜单命令，可以将选择的图层合并成一个图层。

● **向下合并图层**。选择"图层"/"向下合并"菜单命令或按"Ctrl+E"组合键，可以将当前选择的图层与它下面的一个图层合并。

● **合并可见图层**。先隐藏不需要合并的图层，然后选择"图层"/"合并可见图层"菜单命令或按"Shift+Ctrl+E"组合键，可以将当前所有可见图层合并成一个图层。

● **拼合图像**。选择"图层"/"拼合图像"菜单命令，可以将所有可见图层合并为一个图层。

4. 盖印图层

盖印图层可以将多个图层中的图像内容合并到一个新的图层中，同时保持其他图层的内容不变。盖印图层的方法有以下3种。

- **向下盖印图层**。选择一个图层，按"Ctrl+Alt+E"组合键，可将图层中的图像盖印到下面的图层中，且源图层中的内容保持不变。
- **盖印多个图层**。选择多个图层，按"Ctrl+Alt+E"组合键，可将这几个图层盖印到一个新的图层中，且源图层中的内容保持不变。
- **盖印可见图层**。选择多个图层，按"Shift+Ctrl+Alt+E"组合键，可将可见图层盖印到新的图层中。

5. 删除图层

如果不再需要某个图层，可将其删除。删除图层的方法有以下3种。

- **通过"删除图层"按钮删除图层**。选择要删除的图层，单击"图层"面板底部的"删除图层"按钮或将图层拖动到该按钮上。
- **通过菜单命令删除图层**。选择要删除的图层，选择"图层"/"删除"/"图层"菜单命令。
- **通过快捷键删除图层**。选择要删除的图层，按"Delete"键。

6. 将图层与选区对齐

在图像中创建选区后，选择需要与其对齐的图层，选择"图层"/"将图层与选区对齐"子菜单中的对齐命令，即可基于选区对齐所选图层。

7. 查找图层

当图层太多时，可以通过"查找图层"菜单命令快速查找需要的图层。方法为：选择"选择"/"查找图层"菜单命令，在"图层"面板顶部将出现一个文本框，在其中输入要查找的图层名称，即可查找到该图层，且"图层"面板中将只显示该图层。

8. 栅格化图层

通常情况下，包含矢量数据的图层，如文字图层、形状图层、矢量蒙版和智能对象图层等都需先栅格化后，才能进行相应的编辑。栅格化图层的方法是：选择"图层"/"栅格化"菜单命令，在弹出的子菜单中选择相应命令；或选择需要栅格化的图层，在其上单击鼠标右键，在弹出的快捷菜单中选择"栅格化图层"命令。

9. 快速去除选区图像周围的杂色

粘贴图像后，选择"图层"/"修边"子菜单中的命令可去除多余的像素。不同选项去除的像素不相同。例如，选择"颜色净化"菜单命令，将去除彩色杂边；选择"去边"菜单命令，将用包含纯色的临近像素的颜色替换边缘像素的颜色；选择"移去黑色杂边"菜单命令，将去除黑色背景中创建选区时粘贴的黑色杂边；选择"移去白色杂边"菜单命令，将去除白色背景中创建选区时粘贴的白色杂边。

10. 复制图层

在同一图层复制图像时，按住"Ctrl"键不放并单击图层缩略图，可快速载入图层选区，此时按住"Alt"键不放拖动鼠标指针，可复制图像但不生成图层。如果要在不同图层中复制图像，可在图层上单击鼠标右键，在弹出的快捷菜单中选择"复制图层"命令，在打开的对话框中选择需要复制图像的图层，将该图像复制到所选择的目标图层中。

11. 认识图层混合模式

下面介绍常用的图层混合模式的作用与原理。其中，基色是下面图层的像素颜色，混合色是上面图层的像素颜色，结果色是混合后的像素颜色。

- **正常**。该模式编辑或绘制每个像素，使其成为结果色。该选项为默认模式。
- **溶解**。根据不同位置像素的不透明度，结果色由基色或混合色的像素随机替换。
- **变暗**。查看每个通道中的颜色信息，选择基色或混合色中较暗的颜色作为结果色。
- **正片叠底**。该模式将当前图层中的图像颜色与其下面图层中图像的颜色混合相乘，得到比原来两种颜色更深的第3种颜色。
- **颜色加深**。查看每个通道中的颜色信息，通过增大对比度使基色变暗以突出混合色。
- **线性加深**。查看每个通道中的颜色信息，并通过减小亮度使基色变暗以突出混合色。
- **深色**。比较混合色和基色所有通道值的总和并显示值较小的颜色。
- **变亮**。查看每个通道中的颜色信息，并选择基色或混合色中较亮的颜色作为结果色。
- **滤色**。查看每个通道中的颜色信息，并将混合色的互补色与基色复合。结果色总是较亮的颜色，用黑色过滤时，颜色保持不变，用白色过滤时，将产生白色。
- **颜色减淡**。查看每个通道中的颜色信息，通过减小对比度使基色变亮以突出混合色。
- **线性减淡**。查看每个通道中的颜色信息，并通过增加亮度使基色变亮以突出混合色。
- **叠加**。图案或颜色在现有像素上叠加，同时保留基色的明暗对比。不替换基色，但基色与混合色混合可以突出基色的亮度或暗度。
- **差值**。查看每个通道中的颜色信息，并从基色中减去混合色，或从混合色中减去基色，具体取决于哪一个颜色的亮度值更大。
- **色相**。用基色的亮度和饱和度及混合色的色相创建结果色。
- **饱和度**。用基色的亮度和色相及混合色的饱和度创建结果色。
- **颜色**。用基色的亮度及混合色的色相和饱和度创建结果色。这样可以保留图像中的灰阶，并且对给单色图像着色和给彩色图像着色都非常有用。
- **明度**。用基色的色相和饱和度及混合色的亮度创建结果色。

第6章
添加文字

情景导入

经过近段时间的学习，米拉已经能够自行设计一些简单的作品了，此时老洪说："在作品中添加相应的文字，会更具说服力。"

学习目标

- 掌握钻展首焦海报的制作方法。

  包括创建横排文字、设置文字字符格式等。
- 掌握标签贴纸的制作方法。

  包括创建直排文字、创建变形文字、创建路径文字。

- 掌握招聘单的制作方法。

  包括创建与编辑文字选区、创建与编辑段落文字格式等。

案例展示

▲ 制作钻展首焦海报

▲ 制作标签贴纸

▲ 制作招聘单

6.1　课堂案例：制作钻展首焦海报

老洪看米拉对设计很有见解，刚好昨天公司接到一项新任务，需要为某电商平台制作美妆产品的钻展首焦海报，用于促进美妆产品的销售。老洪把这个任务交给米拉，让米拉制作完成后交给他检查。

钻展（钻石展位）是淘宝网为淘宝商家提供的一种营销工具，主要依靠图片吸引消费者点击，从而获取流量。钻展为商家提供了数量众多的优质展位，包括淘宝首页、内页频道页、门户页面等。一般来说，不同展位对图片大小的要求不一样。

老洪看完米拉制作的钻展首焦海报后，把米拉叫到身边说："你设计的海报很好，整个画面的图像布局和颜色搭配都很合理，只是中间有很大一部分空白区域，可以适当添加一些文案。这样不仅可以填补空白部分，提升钻展首焦海报的设计美感，还能让消费者快速了解促销信息。"于是米拉为海报添加了艺术字，并设置了字符格式。本案例的参考效果如图6-1所示，下面具体讲解其制作方法。

素材所在位置　素材文件\第6章\课堂案例\钻展首焦海报\
效果所在位置　效果文件\第6章\钻展首焦海报.psd

图6-1　钻展首焦海报的参考效果

扫一扫

钻展首焦海报高清彩图

6.1.1　创建横排文字

在Photoshop CS6中可使用横排文字工具 **T** 在图像中直接添加横排文字。下面新建图像文件、添加商品图像、创建横排文字，具体操作如下。

微课视频

创建横排文字

（1）新建大小为520像素×280像素、名为"钻展首焦海报.png"的空白图像文件，添加"背景.jpg""美妆.png"图像文件中的图像到海报中，并调整素材的大小和位置，使背景覆盖图像，美妆位于背景左下角，效果如图6-2所示。

（2）在"图层"面板中双击美妆所在的图层，打开"图层样式"对话框，勾选 ☑ 投影 复选框，设置投影颜色为黑色（R:14,G:5,B:9）、角度为"120度"、距离为"1像素"、扩展为"0%"、大小为"4像素"，单击 确定 按钮，如图6-3所示，加强美妆产品的立体感。

（3）在工具箱中选择椭圆工具 ◎，在工具属性栏中设置工具绘图模式为"形状"，设置填充颜色为绿色（R:186,G:222,B:198），取消描边。按住"Shift"键在图像中心绘制一个绿色圆形，然后绘制一个更大的圆形，并保持选择状态，在工具属性栏中取消填充，设置描边颜色为白色（R:255,G:255,B:255）、描边粗细为"4点"。在"图层"面板中较大白色圆所在图层上单击鼠标右键，在弹出的快捷菜单中选择"栅格化图层"命令，为较大白色圆中间部分绘制选区，按"Delete"键删除部分描边，效果如图6-4所示。

图6-2　添加素材

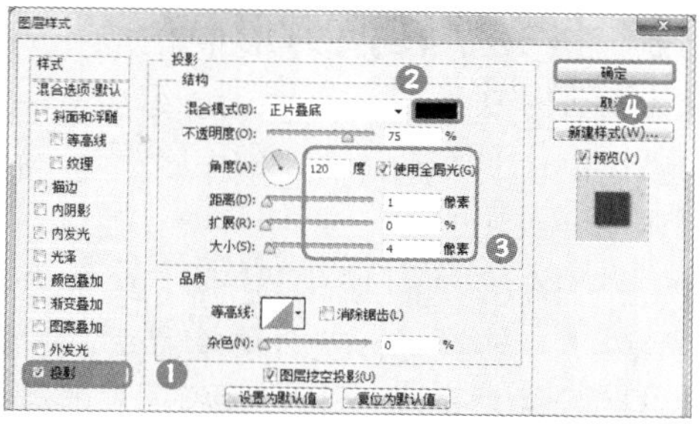

图6-3　添加投影

（4）在工具箱中选择横排文字工具 ，在圆上单击定位文字插入点，在工具属性栏中设置
　　字体为"方正正准黑简体"、字号为"60点"，在其中输入"女生专属"文字，在工具
　　属性栏中单击☑按钮完成输入，如图6-5所示。此时，"图层"面板中对应的文字图层
　　的名称自动更改为"女生专属"。

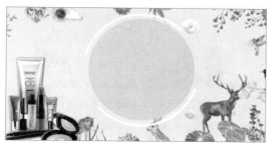

图6-4　绘制圆

图6-5　输入文字

> **知识提示**
>
> **放弃文字输入**
>
> 　　若要放弃文字输入，可在工具属性栏中单击🚫按钮或按"Esc"键，将创建的
> 文字删除。

（5）按"Ctrl+T"组合键进入自由变换状态，在旋转角度文本框中输入"-15.00"，然后在
　　工具属性栏中单击☑按钮完成变换，如图6-6所示。

（6）在"图层"面板中双击"女生专属"所在的图层，打开"图层样式"对话框，勾选
　　☑渐变叠加复选框，设置渐变颜色为紫色（R:114,G:45,B:131）到红色（R:210,G37,B:111），
　　将两个色块重合在一起，形成明显的分割效果，设置"样式"为"线性"，设置"角
　　度"为"100度"，单击 确定 按钮完成设置，如图6-7所示。

图6-6　变换文字

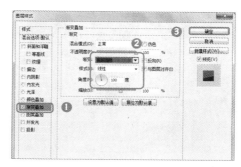

图6-7　为文字添加渐变叠加效果

6.1.2　将文字转换为形状

在制作艺术字时，常常需要编辑文字的各个笔画，此时需要将文字转换为形状。下面将"女生专属"文字转换为形状，并对笔画进行编辑，具体操作如下。

（1）在"图层"面板中选择"女生专属"文字图层，选择"文字"/"转换为形状"菜单命令，如图6-8所示。此时文字图层转换为形状图层，图层类型符号由 T 转换为 形。

（2）在工具箱中选择钢笔工具，按住"Ctrl"键不放并单击文字，文字上出现锚点和线条，单击已有锚点可将其删除，在线条上单击可增加锚点，拖动锚点可编辑文字笔画的形状，编辑后的文字效果如图6-9所示。

图6-8　将文字转换为形状

图6-9　编辑后的文字效果

6.1.3　设置文字字符格式

在Photoshop CS6中，可为输入的文字设置字符格式，主要包括设置字体、字号和颜色等。除了在输入文字前通过文字工具的工具属性栏设置字符格式外，还可通过"字符"面板进行更为详尽的设置，如设置字符间距、行间距、仿粗体、仿斜体等。下面设置"钻展首焦海报.psd"图像文件中文字的字符格式，具体操作如下。

（1）在工具箱中选择横排文字工具 T，在"女生专属"文字上方单击定位文字插入点，在工具属性栏中设置字体为"方正兰亭中黑简体"、字号为"18点"、颜色为绿色（R:102,G:110,B:160），输入文字"2020 NEW"，在工具属性栏中单击√按钮完成输入，再将文字逆时针旋转"15°"，如图6-10所示。

（2）在工具箱中选择钢笔工具，在工具属性栏中设置工具绘图模式为"形状"，设置填充颜色为绿色（R:133,G:181,B:94），取消描边，在图像上绘制绿色形状，如图6-11所示。

图6-10　输入文字

图6-11　绘制形状

（3）在"图层"面板中双击绿色形状所在的图层，打开"图层样式"对话框，勾选 ☑投影 复选框，设置投影颜色为绿色（R:101,G:136,B:97）、角度为"120度"、距离为"6像素"、扩展为"16%"、大小为"0像素"，单击 确定 按钮，如图6-12所示。添加投影后形状的立体感得到加强，效果如图6-13所示。

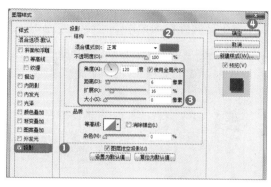

图6-12　添加投影

图6-13　投影效果

（4）在工具箱中选择横排文字工具 T，在形状内部单击定位文字插入点，在工具属性栏中设置字体为"方正兰亭中黑简体"、字号为"13点"、颜色为白色（R:255,G:255,B:255），在其中输入优惠信息，在工具属性栏中单击 ☑ 按钮完成输入，再将文字逆时针旋转15°，如图6-14所示。

（5）将文字插入点定位到形状下方，在工具属性栏中设置颜色为红色（R:209,G:36,B:111），输入文字"让你遇见更美丽的自己"，在工具属性栏中单击 ☑ 按钮完成输入，再将文字逆时针旋转15°，如图6-15所示。

多学一招　　　　　　　　　　　文字字符格式的沿用

　　　在输入文字前若没有设置文字字符格式，将沿用之前输入文字时设置的字符格式。在重新设置文字字符格式时，需要取消对之前文字图层的选择，或将文字插入点定位到需要设置字符格式的文字所在位置，否则容易更改之前输入的文字的字符格式。

图6-14　输入文字（1）

图6-15　输入文字（2）

（6）在工具箱中选择自定形状工具██，在工具属性栏的"形状"下拉列表框中选择██选项，将填充颜色设置为绿色（R:133,G:181,B:94）。绘制形状，按住"Alt"键不放在"图层"面板单击"形状 1"图层后的██图标，将该图标向上拖动到自定形状图层上，复制投影样式，如图6-16所示。

（7）在工具箱中选择横排文字工具██，在自定形状上方单击定位文字插入点，输入文字"全场低至"，相关格式如图6-17所示，在工具属性栏中单击██按钮完成输入。

图6-16　绘制自定形状　　　　　　　　　　　　图6-17　输入文字

（8）选择"全场低至"图层，在工具属性栏中单击"切换字符和段落面板"按钮██，打开"字符"面板，将字号设置为"14点"，将字符间距设置为"75"，将文字颜色设置为白色（R:255,G:255,B:255），效果如图6-18所示。

图6-18　设置字符格式

6.1.4　选择与编辑文字

要删除和编辑一段文字中的部分文字时，除了需选择该文字所在图层外，还需选取要编辑的部分文字。下面先输入文字"3折！"，然后对"3"进行编辑，包括设置字号和字体，具体操作如下。

微课视频

选择与编辑文字

（1）在工具箱中选择横排文字工具██，输入"3折！"，设置字体为"方正兰亭中黑简体"，字号为"18点"，文字颜色为红色（R:209,G:36,B:111），如图6-19所示。

（2）在"图层"面板中双击"3折！"图层，打开"图层样式"对话框，勾选██描边复选框，在"大小"文本框中输入"2像素"，单击颜色色块，设置描边颜色为白色（R:255,G:255,B:255），单击██确定██按钮，如图6-20所示。

图6-19 设置字符格式

图6-20 设置描边

（3）选择"3折！"图层，在工具箱中选择横排文字工具 T，将鼠标指针移动到图像中的文字
"3"后面，当其变为 I 形状时，单击插入文字插入点，如图6-21所示。

（4）向左拖动鼠标指针选择文字"3"，效果如图6-22所示。

图6-21 定位文字插入点

图6-22 选择文字

（5）在"字符"面板中更改字号为"30点"，单击"仿粗体"按钮 T 加粗文字"3"，在工具
属性栏中单击 ✓ 按钮完成编辑，效果如图6-23所示，保存图像文件完成本案例的制作。

图6-23 设置字符格式

6.2 课堂案例：制作标签贴纸

最近老洪在帮一个新开的水果店制作标签贴纸，水果店要求标签贴纸突出水果"鲜"
的特点，同时外观简洁、漂亮。老洪见米拉已有不少类似经验，决定将这个任务交给她来完
成，并强调了变形文字和路径文字的重要性。米拉决定通过创建直排文字、创建变形文字、
创建路径文字等制作标签贴纸。本案例的参考效果如图6-24所示，下面具体讲解制作方法。

素材所在位置 素材文件\第6章\课堂案例\标签贴纸\
效果所在位置 效果文件\第6章\标签贴纸.psd

图6-24　标签贴纸参考效果

6.2.1　创建直排文字

在Photoshop CS6中，可使用直排文字工具[T]在图像中直接添加直排
文字。本案例将新建图像文件，并填充背景色和绘制形状，再利用直排
文字工具输入直排文字，具体操作如下。

（1）新建大小为500像素×500像素、分辨率为72像素/英寸、名为"标
签贴纸"的图像文件，将前景色设置为黄色（R:251,G:232,B:182），
按"Alt+Delete"组合键填充背景色，如图6-25所示。

（2）在工具箱中选择椭圆工具[○]，在工具属性栏中更改工具绘图模
式为"形状"，在图像中绘制一个圆，填充颜色为白色（R:255,G:255,B:255），取消描
边，如图6-26所示。

（3）按住"Ctrl"键的同时单击圆所在图层的缩略图载入选区，在工具箱中选择矩形选框
工具[▦]，按住"Alt"键在圆上绘制需要的选框，为圆底部添加选区，新建图层，将前
景色设置为黄色（R:238,G:144,B:30），按"Alt+Delete"组合键填充选区，如图6-27
所示。

多学一招	**横排文字和直排文字的转换**
	输入文字后，选择文字所在图层，在工具属性栏中单击"切换文本取向"按钮[T]，可在横排文字和直排文字之间转换。

图6-25　填充背景　　　　　　　图6-26　绘制形状　　　　　　　图6-27　填充选区

（4）将"橙子.png"图像文件中的图像添加到标签贴纸中，调整图像的大小和位置，如图6-28
所示。

（5）在工具箱中选择圆角矩形工具[▭]，在工具属性栏中更改工具绘图模式为"形状"，设

置填充颜色为黄色（R:238,G:144,B:30），取消描边，设置半径为"18像素"，在标签贴纸中绘制一个圆角矩形，如图6-29所示。

（6）在工具箱中选择直排文字工具 ，在圆角矩形中输入文字"天天"，设置文字字体为"方正喵呜体"、字号为"36点"、颜色为白色（R:255,G:255,B:255），如图6-30所示。

图6-28　添加图像

图6-29　绘制圆角矩形

图6-30　输入直排文字

6.2.2　创建变形文字

创建文字后，可使用变换图形的方法变换文字，如调整文字的大小、倾斜角度等，或直接通过文字变形得到波浪、旗帜、扇形、挤压、凸起等效果，具体操作如下。

创建变形文字

（1）在工具箱中选择横排文字工具 T，输入文字"鲜果"，打开"字符"面板，设置字体为"方正喵呜体"，字号为"110点"，字符间距为"-100"，文字颜色为黑色（R:3,G:0,B:0），如图6-31所示。

（2）选择文字，单击工具属性栏中的"创建文字变形"按钮，打开"变形文字"对话框，设置"样式"为"膨胀"，设置"弯曲"为"+35%"，单击 确定 按钮，如图6-32所示。

图6-31　添加文字

图6-32　"变形文字"对话框

（3）选择文字，按"Ctrl+T"组合键进入自由变换状态，在文字上单击鼠标右键，在弹出的快捷菜单中选择"变形"命令，出现变形框，拖动变形框上边缘的控制点调整变形效果，在工具属性栏中也可重新设置变形样式和变形参数，如图6-33所示，在工具属性栏中单击按钮完成变形。

（4）在工具箱中选择钢笔工具，在工具属性栏中设置工具绘图模式为"形状"，设置填充颜色为绿色（R:129,G:188,B:37），取消描边，在"鲜"的第一笔画上绘制绿色形状，如图6-34所示。

图6-33　调整变形效果　　　　　　　　　　　　　图6-34　绘制形状

6.2.3　创建路径文字

路径文字是指根据路径的形状来创建文字，因此需要先绘制出路径，再在路径中输入需要的文字。在创建路径文字时，还可以对路径的锚点进行编辑，使路径更符合要求，文字效果也更为丰富。本案例将创建路径文字，具体操作如下。

微课视频

创建路径文字

（1）在工具箱中选择椭圆工具 ，在工具属性栏中设置工具绘图模式为"路径"，绘制路径，如图6-35所示。

（2）在工具箱中选择横排文字工具 ，在工具属性栏中设置字体为"方正兰亭中黑简体"，字号为"24点"，文字颜色为黄色（R:238,G:144,B:30）。将鼠标指针移至路径上，当其变为 形状时，单击定位文字插入点，如图6-36所示。

> **多学一招**　　　　　　　　　　**将文字创建为工作路径**
>
> 除了将文字排列到路径上，还可以将文字创建为工作路径，方法为：选择文字后，选择"文字"/"创建为工作路径"菜单命令。

图6-35　创建路径　　　　　　　　　　　图6-36　在路径上定位文字插入点

（3）输入"Fresh fruit every day"，按"Ctrl+Enter"组合键确认输入，此时自动生成文字的路径图层，如图6-37所示。

（4）在"字符"面板中设置字符间距为"75"，单击"全部大写字母"按钮 设置全部字符为大写，如图6-38所示。

（5）在工具箱中选择椭圆工具 ，在工具属性栏中设置工具绘图模式为"形状"，设置描边颜色为橙色（R:238,G:144,B:30）、描边粗细为"2.5点"，取消填充，绘制圆形。在"图层"面板的椭圆图层上单击鼠标右键，在弹出的快捷菜单中选择"栅格化图层"命令，沿白色圆上的文本所在部分绘制选区，按"Delete"键删除部分描边，效果如图6-39所示。保存图像文件，完成本案例的制作。

图6-37　查看文字路径　　　　图6-38　设置字符格式　　　　图6-39　绘制圆

多学一招

编辑文字所在的路径

选择直接选择工具 ▶，单击文字所在的路径可选择路径，拖动路径上的控制柄可编辑路径的弧度，按"Enter"键可确认路径的编辑。

6.3　课堂案例：制作招聘单

最近老洪在帮公司制作招聘单，要求将要招聘的职位、要求与薪资待遇等信息展示出来，便于求职者查看。老洪将这个任务交给米拉来完成，并强调了文字和排版的重要性。米拉决定综合利用横排文字、竖排文字、文字选区和段落文字来制作招聘单。本案例的参考效果如图6-40所示，下面具体讲解其制作方法。

素材所在位置　素材文件\第6章\课堂案例\招聘单\
效果所在位置　效果文件\第6章\招聘单.psd

图6-40　招聘单参考效果

扫一扫

招聘单高清彩图

6.3.1 创建并编辑文字选区

在Photoshop CS6中，可以直接通过文字蒙版工具创建文字选区。该选区主要包括横排文字选区和竖排文字选区。通过文字蒙版工具创建的文字选区与一般的文字选区相同，用户可以对其进行移动、复制、填充、描边等操作。本案例将使用文字蒙版工具创建具有底纹效果的文字"聘"，具体操作如下。

微课视频
创建并编辑文字选区

（1）新建大小为291毫米×426毫米、分辨率为72像素/英寸、名为"招聘单"的图像文件，在其下方添加"建筑.png"图像文件中的图像，如图6-41所示。

（2）在工具箱中选择矩形工具 ▣，在图像中绘制矩形并填充白色（R:255,G:255,B:255），取消描边，将图层的不透明度设置为"75%"，如图6-42所示。

（3）打开"底纹.jpg"图像文件，在工具箱中选择横排文字蒙版工具 ▣，在工具属性栏中设置字体为"方正宋黑简体"、字号为"180点"，在底纹上输入"聘"文字，如图6-43所示。

图6-41 添加图像

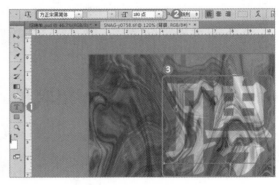

图6-42 绘制矩形　　　　　图6-43 输入文字

（4）按"Ctrl+Enter"组合键创建文字选区，如图6-44所示。

（5）在工具箱中选择移动工具 ▸，将底纹文字图层中的图像移动至"招聘单.psd"图像窗口中，按"Ctrl+T"组合键进入自由变换状态，按住"Shift"键拖动边框调整文字的大小，按"Enter"键完成调整，如图6-45所示。

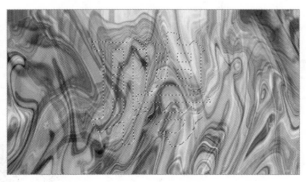

图6-44 创建文字选区

图6-45 调整底纹文字

（6）在"聘"文字左上方、左方、下方分别输入文字，采用的字体有"方正兰亭中黑简体""方正兰亭纤黑简体""方正兰亭粗黑简体"，调整字号，效果如图6-46所示。

（7）在工具箱中选择直线工具 ╱，在工具属性栏中设置直线的粗细为"1~3像素"，取消描边，按住"Shift"键绘制填充颜色为黑色、粗细不同的直线。

（8）在工具箱中选择椭圆工具 ，在直线末端绘制两个描边颜色为黑色、描边粗细为"3 点"的圆，选择"聘"文字所在的图层，为左上角线条的上方创建选区，按"Delete"键删除部分线条，效果如图6-47所示。

图6-46　输入文字

图6-47　完成后的效果

6.3.2　创建并编辑段落文字

段落文字是指在定界框中输入的文字，可以很方便地进行自动换行、调整文字的行间距、调整文字的大小和显示位置等排版操作。在创建段落文字前，需要先绘制定界框以定义段落文字的边界，输入的文字都将位于该区域内。下面把招聘职位信息放置到段落文字框中，具体操作如下。

微课视频

创建并编辑段落文字

（1）在工具箱中选择横排文字工具 ，在图像空白处按住鼠标左键不放，拖动鼠标指针绘制文字定界框，文本插入点将自动定位到文字定界框中，如图6-48所示。

（2）在工具属性栏中单击"切换字符和段落面板"按钮 ，在打开的"字符"面板中设置字体为"方正兰亭中黑简体"、字号为"15点"、行间距为"26点"、文字颜色为蓝色（R:35,G:40,B:62），参考"招聘信息.txt"文件，输入"市场营销 "文字，按"Enter"键分段，继续输入其他招聘信息，如图6-49所示。

图6-48　绘制文字定界框

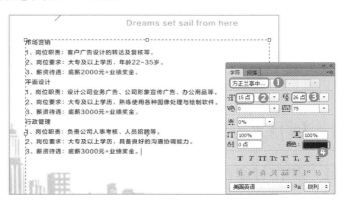

图6-49　设置字符格式并输入段落文字

（3）将文本插入点定位到"市场营销"文字后面，向左拖动鼠标指针选择段落文字，在"字符"面板中更改文字颜色为蓝色（R:9,G:124,B:186），更改字号为"24点"，如图6-50所示。

（4）在"段落"面板中设置段前与段后间距均为"24点"，如图6-51所示。

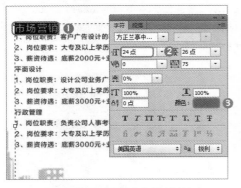 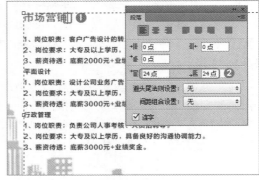

图6-50　设置段落文字的字符格式　　　　　　图6-51　设置段前与段后距离

（5）将文本插入点定位到"市场营销"文字下面第1段文字前，拖动鼠标指针选择3段文字，在"段落"面板中设置左缩进为"24点"，如图6-52所示。

（6）使用相同的方法设置其他职位信息的段落与字符格式，与"市场营销"及其下3段文字的格式统一。

（7）在工具箱中选择自定形状工具，在工具属性栏的"形状"下拉列表框中选择☎选项，将填充颜色设置为白色（R:255,G:255,B:255），在下方左侧绘制电话形状。

（8）在电话形状后面输入招聘电话、公司地址等信息，设置字体为"方正兰亭中黑简体"、字号为"15点"、文字颜色为白色（R:255,G:255,B:255），将招聘电话的号码字号调整为"24点"，如图6-53所示。保存图像文件完成本案例的操作。

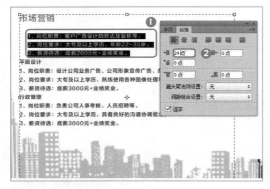 

图6-52　设置左缩进　　　　　　　　　　图6-53　添加其他内容

6.4　项目实训

6.4.1　制作打印机DM单

1. 实训目标

为一家名为"墨悉普"的公司制作打印机DM（Direct Mail，快讯商品广告）单，要求广告画面新颖、简洁。本实训主要涉及使用矩形选框工具绘制矩形、创建艺术字和创建段落文字等操作。本实训的参考效果如图6-54所示。

素材所在位置 素材文件\第6章\项目实训\小孩.jpg
效果所在位置 效果文件\第6章\项目实训\打印机DM单.psd

微课视频

制作打印机 DM 单

图6-54 打印机DM单的参考效果

2. 相关知识

DM单一般免费赠送给用户阅读，其形式多种多样，信件、订货单、宣传单和折价券等都属于DM单。通常，DM单的设计旨在吸引消费者的目光，因此需要重点突出商品用途、功能和特有的优势。

3. 操作思路

先绘制基本的背景色块，然后添加小孩头像素材，最后输入所需文字并进行相应的字符格式设置，操作思路如图6-55所示。

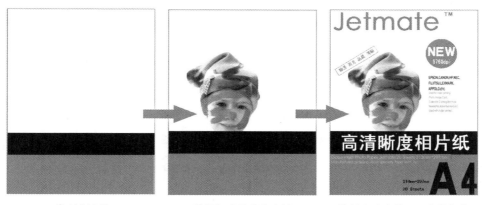

① 绘制色块 　　　② 添加小孩头像素材 　　　③ 输入文字并设置字符格式

图6-55 制作打印机DM单的操作思路

【步骤提示】

（1）新建一个图像文件，使用矩形选框工具 ▦ 创建两个矩形选区，分别填充为洋红色（R:240, G:2,B:126）和黑色（R:0, G:0,B:10）。

（2）从"小孩.jpg"图像文件中抠取出小孩的头像素材，并将其移动到新建图像文件中的合适位置。

（3）使用画笔工具 在小孩的脸上绘制出多种颜色的笔触，设置小孩头像所在图层的混合模式为"颜色加深"。

（4）选择横排文字工具 T ，在黑色和洋红色矩形选区中输入文字，在工具属性栏中设置文字字符格式。

（5）在画面上方空白图像中输入文字，适当调整文字字符格式，完成制作。

6.4.2 制作名表钻展图

1．实训目标

为一家经营名表的网店制作钻展图，要求显示商品的重要信息，且排版合理、重点突出。本实训主要涉及文字工具、图层样式和形状工具的使用。本实训的参考效果如图6-56所示。

素材所在位置 素材文件\第6章\项目实训\名表钻展图.jpg
效果所在位置 效果文件\第6章\项目实训\名表钻展图.psd

微课视频

图6-56　名表钻展图的参考效果

制作名表钻展图

2．相关知识

钻展是一种付费营销方式。为了使营销效果最大化，商家通常对钻展图的要求较高，不仅需要图片新颖、排版好看、设计具有创意、与商品相匹配，还需搭配精确的文案，根据消费者的消费心理，在有限的版面中将主要信息展示出来。对于本实训制作的名表钻展图，要求突出商品的高端品质，同时还需要将商品价格、制作工艺等重要信息清楚展示出来。

3．操作思路

完成本实训需要先打开素材，再添加文字，设置文字字符格式和文字图层样式，最后绘制形状完成操作，操作思路如图6-57所示。

① 打开素材　　　　② 添加文字，设置文字字符格式和　　　　③ 绘制形状
　　　　　　　　　　　　文字图层样式

图6-57　制作名表钻展图的操作思路

【步骤提示】

（1）打开"名表钻展图.jpg"图像文件，在工具箱中选择横排文字工具 T ，在工具属性栏中设置字体为"思源黑体 CN"、字号为"14点"，消除锯齿的方法设为"平滑"，字体颜色设为白色（R:255,G:255,B:255），输入文字"英式手表"。

（2）设置字体为"华文中宋"、字号为"33点"，消除锯齿的方法设为"浑厚"，在"英式手表"文字的下方输入"精湛工艺　品质追求"，设置其图层样式为"渐变叠加"、渐变为"黑白,渐变"。

（3）输入文字"现代爵士品味钢带石英中性表专场"，设置文字字体为"思源黑体 CN"，字号为"13点"。

（4）选择矩形工具 ，绘制120像素×50像素的矩形，为矩形添加渐变叠加效果，渐变颜色依次为红色（R:231,G:0,B:0）、深红色（R:169,G:0,B:0）、红色（R:231,G:0,B:0）。

（5）在红色矩形左侧输入"原价:¥2889"和"促销"，设置字体为"思源黑体 CN"，字号为"14点"。在红色矩形中输入"¥1668"，设置"¥"的字体为"造字工房圆演示版"、字号为"24点"，设置"1668"的字体为"字典宋"、字号为"40点"。

（6）将"1668"文字图层的图层样式设置为"投影"，在"不透明度""距离""扩展""大小"文本框中分别输入"40""5""5""1"，设置完成后保存图像文件。

6.5　课后练习

本章主要介绍了添加文字的相关操作，如创建横排文字、创建直排文字、设置文字字符格式、创建路径文字和创建变形文字等。读者重点应掌握文字的创建与文字的字符格式设置，为之后的学习打下坚实的基础。

练习1：制作企业宣传广告

制作企业宣传广告，该广告用于展示和宣传企业，参考效果如图6-58所示。

素材所在位置　素材文件\第6章\课后练习\蝴蝶.psd
效果所在位置　效果文件\第6章\课后练习\企业宣传广告.psd

图6-58　企业宣传广告的参考效果

【步骤提示】

（1）新建一个图像文件，使用钢笔工具 绘制出画面底部的曲线形状和画面中的山峦、形状。

（2）使用横排文字工具 在画面中输入文字，并在工具属性栏中设置文字的字符格式。

（3）在图像底部添加定界框，输入段落文字。

（4）打开"蝴蝶.psd"图像文件，将蝴蝶素材添加到新建的图像文件中。

练习2：制作茶叶宣传广告

制作茶叶宣传广告，该广告的参考效果如图6-59所示。

素材所在位置	素材文件\第6章\课后练习\茶韵.jpg
效果所在位置	效果文件\第6章\课后练习\茶韵.psd

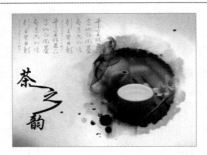

制作茶叶宣传广告

图6-59　茶叶宣传广告的参考效果

【步骤提示】
（1）选择横排文字工具 T ，分别输入"茶""之""韵"3个文字，设置字符格式。
（2）在"茶"图层上单击鼠标右键，在弹出的快捷菜单中选择"转换为形状"命令，将其转换为形状。
（3）选择直接选择工具 调整文字锚点，改变文字形状。
（4）用同样的方法调整"韵"图层中的文字形状。

6.6　技巧提升

1. 设置字体样式

在编辑文字时，可根据需要为文字添加合适的字体样式。Photoshop CS6提供了规则的、斜体、粗体、粗斜体和粗黑体等字体样式。在工具属性栏的字体下拉列表框中可设置这些字体样式，但并不是所有字体都可以设置字体样式，只有选择某些字体后才会激活相应的选项。若需要设置更多的字体样式，例如添加下划线、删除线等，可在"字符"面板中单击对应的按钮进行设置。

2. 设置字符间距与基线偏移

输入文字时，若文字的默认字符间距不能满足需求，可通过"字符"面板设置字符间距：输入正值时，字符间距将变大；当输入负值时，字符间距将缩小。基线偏移是指文字与文字基线之间的距离，为正值时，文字上移；为负值时，文字下移。

3. 栅格化文字

在Photoshop CS6中不能直接对文字图层进行添加图层样式、添加滤镜等操作，但可将文字栅格化后再进行以上操作。栅格化文字的方法为：选择文字图层，在其上单击鼠标右键，在弹出的快捷菜单中选择"栅格化文字"命令。

4. 查找和替换文字

在制作可能涉及大量文字的图像时，依次浏览和更改文字比较费时。此时，可使用"查找和替换文字"功能快速查找所需的文字，需要时还可替换查找到的文字。查找和替换文字的方法为：打开图像文件，选择"编辑"/"查找和替换文字"菜单命令，打开"查找和替换文字"对话框，在"查找内容"文本框中输入需要查找的文字；勾选 ☑搜索所有图层(S) 复选框，单击 查找下一个(I) 按钮，显示查找到的文本；在"查找内容"文本框中输入需要替换的文字，在"更改为"文本框中输入替换的目标文字；单击 更改(H) 按钮，将第一个查找到的文字替换为目标文字；单击 更改全部(A) 按钮将替换所有图层中包含的指定文字。

5. 拼写检查

使用"拼写检查"功能可方便地检查输入的英文单词是否正确，并可修改错误的单词。选择"编辑"/"拼写检查"菜单命令，打开"拼写检查"对话框。勾选 ☑检查所有图层(Y) 复选框，系统将自动检查所有图层中不符合拼写规则的文字并选中。在"建议"下拉列表框中选择符合拼写规则的英文单词，单击 更改(H) 按钮或 更改全部(A) 按钮，系统将自动进行替换，检查完成后，在打开的提示框中单击 确定 按钮即可。

6. 安装字体

系统自带的字体是有限的，为了使制作的图像更加美观，用户可先在网上下载字体，再安装使用。需要注意的是，如果在打开Photoshop CS6的情况下安装了字体，则需重启Photoshop CS6才能在字体下拉列表框中找到新安装的字体。安装字体的方法为：下载好字体文件后，在字体文件上单击鼠标右键，在弹出的快捷菜单中选择"安装"命令。若需要同时安装多个字体，可直接将字体文件复制到系统盘的"Windows/Fonts"文件夹下，例如系统盘是C盘，则复制到"C:/Windows/Fonts"。

7. "字符"面板中选项的含义

"字符"面板中选项的含义如下。

- T T TT Tr T¹ T₁ T̲ T̶ 按钮组。该按钮组中的按钮从左至右分别用于对文字进行加粗、倾斜、全部大写字母、小型大写字母、上标、下标、添加下划线、添加删除线等操作。设置时先选择文字，然后单击相应的按钮即可。
- 下拉列表框。此下拉列表框用于设置行间距，单击文本框右侧的下拉按钮，在打开的下拉列表框中可以选择行间距的大小。
- 文本框。该选项用于设置选择文字的垂直缩放效果。
- 文本框。该选项用于设置选择文字的水平缩放效果。
- 下拉列表框。该选项用于设置所选字符的字符间距，单击右侧的下拉按钮，可以在打开的下拉列表框中选择字符间距，也可以直接在文本框中输入具体数值。
- 下拉列表框。该选项用于设置所选字符的比例间距。
- 文本框。该选项用于设置基线偏移，为正值时，向上移动；为负值时，向下移动。

8. "段落"面板中选项的含义

"段落"面板中选项的含义如下。

- 按钮组。该按钮组中的按钮从左至右分别用于设置段落左对齐、居中对齐、右对齐、最后一行左对齐、最后一行居中对齐、最后一行右对齐和全部对齐。设置时先选择文字，然后单击相应的按钮即可。
- "左缩进"文本框。该选项用于设置所选段落文字左边向内缩进的距离。
- "右缩进"文本框。该选项用于设置所选段落文字右边向内缩进的距离。
- "首行缩进"文本框。该选项用于设置所选段落文字首行缩进的距离。
- "段前添加空格"文本框。该选项用于设置光标所在段落与前一段落间的距离。
- "段后添加空格"文本框。该选项用于设置光标所在段落与后一段落间的距离。
- ☑连字复选框。勾选该复选框，表示可以将文字的最后一个外文单词拆开形成连字符号，使剩余的部分自动换到下一行。

117

第 7 章
调整图像颜色和色调

情景导入

老洪发现，米拉把握图像整体色彩的能力还有所欠缺，在处理图像时不能很好地调整图像中的色彩，于是决定为米拉补习色彩调整方面的知识。

学习目标

- 掌握调整婴儿照片颜色的方法。
  包括"自动色调"菜单命令、"自动颜色"菜单命令等的使用。

- 掌握提升数码照片质感的方法。
  包括"色阶"菜单命令、"曲线"菜单命令、"亮度/对比度"菜单命令等的使用。

- 掌握处理艺术照的方法。
  包括"黑白"菜单命令、"阴影/高光"菜单命令等的使用。

- 掌握艺术海报的制作方法。
  包括"替换颜色"菜单命令、"可选颜色"菜单命令等的使用。

案例展示

▲调整婴儿照片颜色

▲提升数码照片质感

▲处理艺术照

7.1　课堂案例：调整婴儿照片颜色

一天早上，老洪将米拉叫到办公桌前，指着一张照片说："这是一家摄影公司提供的照片，需要制作成摆台照片。由于颜色不是很饱满，所以需要先适当调整照片的颜色。"米拉看了照片之后觉得可以使用"自动色调"菜单命令、"自动颜色"菜单命令、"自动对比度"菜单命令、"色相/饱和度"选项和"色彩平衡"选项等来调整颜色。婴儿照片调整前后的对比效果如图7-1所示，下面具体讲解其制作方法。

素材所在位置　图像文件\第7章\课堂案例\婴儿.jpg
效果所在位置　效果文件\第7章\婴儿.psd

图7-1　婴儿照片调整前后的对比效果

扫一扫

婴儿高清彩图

7.1.1　使用"自动色调"菜单命令调整色调

"自动色调"菜单命令可以调整颜色较暗的图像的颜色，使图像中的黑色和白色平衡，增加图像的对比度。下面打开"婴儿.jpg"图像文件，并对图像进行"自动调色"操作，使其黑白平衡，具体操作如下。

（1）打开"婴儿.jpg"图像文件，选择"图像"/"自动色调"菜单命令，调整图像的色调，如图7-2所示。

（2）可以发现图像的颜色加深了，如图7-3所示。

微课视频

使用"自动色调"菜单命令调整色调

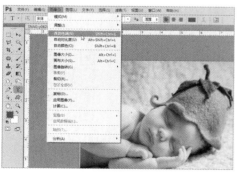

图7-2　选择菜单命令　　　　图7-3　查看调整后的效果

7.1.2　使用"自动颜色"菜单命令调整颜色

"自动颜色"菜单命令可以搜索图像中的阴影、中间调和高光，并调整图像的对比度和颜色，常用于校正偏色。下面打开"婴儿.jpg"图像文件，对图像进行"自动颜色"操作，纠正图像中的偏色，具体操作如下。

微课视频

使用"自动颜色"菜单命令调整颜色

（1）选择"图像"/"自动颜色"菜单命令，调整图像的颜色，如图7-4所示。

（2）可以发现图像的颜色变为向深色过渡，效果如图7-5所示。

图7-4　选择菜单命令　　　　图7-5　查看调整后的效果

7.1.3　使用"自动对比度"菜单命令调整对比度

"自动对比度"菜单命令可以自动调整图像的对比度，使阴影更暗，高光更亮。下面对图像进行自动调整对比度，增强图像的对比度，具体操作如下。

（1）选择"图像"/"自动对比度"菜单命令，调整图像的对比度，如图7-6所示。

（2）可以发现图像的对比度增大，如图7-7所示。

微课视频
使用"自动对比度"
菜单命令调整对比度

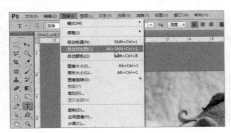 

图7-6　选择菜单命令　　　　图7-7　查看调整后的效果

7.1.4　使用"色相/饱和度"选项调整颜色

使用"色相/饱和度"选项可以调整图像整体或单个颜色的色相、饱和度和明度。下面利用"色相/饱和度"选项调整"婴儿.jpg"图像文件中图像的颜色，具体操作如下。

（1）打开"婴儿.jpg"图像文件，在"图层"面板底部单击"创建新的填充或调整图层"按钮，在弹出的下拉列表中选择"色相/饱和度"选项，如图7-8所示。

（2）打开"色相/饱和度"属性面板，在"预设"下方的下拉列表框中选择"全图"选项，在"色相""饱和度""明度"文本框中分别输入"-8""24""0"，如图7-9所示。

（3）查看调整效果，图像色彩更加浓郁，如图7-10所示。

（4）在"预设"下方的下拉列表框中选择"洋红"选项，在"色相"文本框中输入"-35"，如图7-11所示。

（5）此时帽子颜色中的洋红色减少，并且帽子由紫色变成蓝色，效果如图7-12所示。

图7-8 选择选项　　　图7-9 "色相/饱和度"属性面板　　　图7-10 调整后的效果

图7-11 调整帽子的色相　　　图7-12 查看调整帽子色相后的效果

7.1.5 使用"色彩平衡"选项调整颜色

使用"色彩平衡"选项可以调整图像的阴影、中间调和高光，得到颜色鲜亮、明快的效果。下面使用"色彩平衡"选项调整"婴儿.jpg"图像文件中图像的中间调，具体操作如下。

（1）在"图层"面板底部单击"创建新的填充或调整图层"按钮 ⊙，在弹出的下拉列表中选择"色彩平衡"选项，打开"色彩平衡"属性面板，在"色调"下拉列表框中选择"中间调"选项，在"青色—红色""洋红—绿色""黄色—蓝色"文本框中分别输入"+12""0""-12"，调整图像的中间调，如图7-13所示。

（2）调整后的效果如图7-14所示。

微课视频

使用"色彩平衡"
选项调整图像颜色

图7-13 调整图像的中间调　　　图7-14 查看调整后的效果

多学
一招

"通道混合器"菜单命令的作用

"通道混合器"菜单命令可以快速调整目标颜色通道的颜色，常用于矫正偏色。

该菜单命令的使用方法为：打开需要调整的图像文件，选择"图像"/"调整"/"通道混合器"菜单命令，打开"通道混合器"对话框，选择需要调整的通道，调整通道中红、绿、蓝的颜色值。

121

7.2　课堂案例：提升数码照片质感

　　某摄影公司拍摄了一些香水商品的数码照片，而天气、光线等导致一些照片暗淡、偏灰。老洪让米拉对这些数码照片进行处理，提升照片的质感。米拉观察照片后，决定使用"色阶"菜单命令、"曲线"菜单命令、"亮度/对比度"菜单命令和"变化"菜单命令等来调整。数码照片调整前后的对比效果如图7-15所示，下面具体讲解其调整方法。

　　素材所在位置　素材文件\第7章\课堂案例\香水瓶.jpg
　　效果所在位置　效果文件\第7章\香水瓶.jpg

图7-15　数码照片调整前后的对比效果

7.2.1　使用"色阶"菜单命令调整图像

　　"色阶"菜单命令通过调整图像中的暗调、中间调和高光区域的色阶分布情况来增强图像的色阶对比。使用"色阶"菜单命令不但能提高画面的亮度，还能使画面更加清晰。下面打开"香水瓶.jpg"图像文件，调整其中图像的色阶，提高画面的亮度，具体操作如下。

（1）打开"香水瓶.jpg"图像文件，选择"图像"/"调整"/"色阶"
　　　菜单命令。
（2）打开"色阶"对话框，在"通道"下拉列表框中选择"RGB"
　　　选项，在"输入色阶"栏右侧的文本框中输入"213"，单击 确定 按钮，如图7-16
　　　所示。
（3）可以发现图像的颜色变得明亮，如图7-17所示。

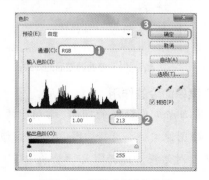

图7-16　设置"色阶"参数　　　　　　　　　　图7-17　查看调整后的效果

7.2.2 使用"曲线"菜单命令调整图像

"曲线"菜单命令可对图像的亮度和对比度等进行调整，使图像更具质感。下面继续在"香水瓶.jpg"图像文件中，使用"曲线"菜单命令调整图像，提升图像的质感，具体操作如下。

微课视频

使用"曲线"菜单命令调整图像

（1）打开"香水瓶.jpg"图像文件，选择"图像"/"调整"/"曲线"菜单命令。

（2）打开"曲线"对话框，在"通道"下拉列表框中选择"RGB"选项，将鼠标指针移动到曲线编辑框中的斜线上，单击创建一个控制点并拖动控制点，调整图像效果，或在"输出"文本框和"输入"文本框中分别输入"203"和"174"，如图7-18所示。

（3）在"通道"下拉列表框中选择"红"选项，在"输出"文本框和"输入"文本框中分别输入"138"和"119"，单击 确定 按钮，如图7-19所示。

图7-18 设置"RGB"曲线参数

图7-19 设置"红"曲线参数

多学一招

"选项"按钮的作用

在"曲线"对话框中单击 选项(T)... 按钮，将打开"自动颜色校正选项"对话框，在其中可调整图像的颜色。

7.2.3 使用"亮度/对比度"菜单命令调整图像

使用"亮度/对比度"菜单命令可以将灰暗的图像变亮，并增加图像的明暗对比。下面在打开的"香水瓶.jpg"图像文件中，调整图像的亮度，增加图像的明暗对比，具体操作如下。

微课视频

使用"亮度/对比度"菜单命令调整图像

（1）选择"图像"/"调整"/"亮度/对比度"菜单命令，打开"亮度/对比度"对话框，在"亮度"文本框和"对比度"文本框中分别输入"12"和"10"，单击 确定 按钮，如图7-20所示。

（2）调整后的效果如图7-21所示。

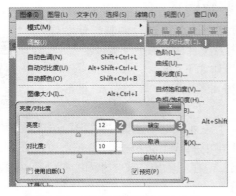

图7-20 设置"亮度/对比度"参数　　　　图7-21 查看调整后的效果

7.2.4 使用"变化"菜单命令调整图像

使用"变化"菜单命令可以调整图像的中间色调、高光、阴影和饱和度等信息。下面在打开的"香水瓶.jpg"图像文件中，对调整后出现的过度偏黄情况进行调整，将洋红色添加到图像中，使香水瓶颜色更加自然，具体操作如下。

（1）选择"图像"/"调整"/"变化"菜单命令，打开"变化"对话框，单击选中 ⊙ 中间调 单选项，在下方的列表中选择需要变化的效果，这里选择"加深洋红"选项，拖动"精细"滑块调整颜色效果，单击 确定 按钮，如图7-22所示。

（2）调整后的效果如图7-23所示，保存图像文件，完成本案例的操作。

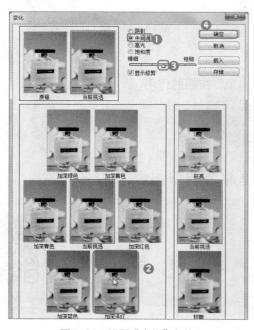

图7-22 设置"变化"参数　　　　图7-23 查看调整后的效果

7.3 课堂案例：处理艺术照

在米拉处理的照片中，有一组新婚夫妇的艺术照，摄影公司要求不添加太多装饰，简单制作一些效果即可。米拉查看照片后，决定使用"曝光度"菜单命令、"自然饱和度"菜单命令、"黑白"菜单命令、"阴影/高光"菜单命令和"照片滤镜"菜单命令等来调整。本案例的参考效果如图7-24所示，下面具体讲解制作方法。

图7-24 艺术照参考效果

素材所在位置 素材文件\第7章\课堂案例\艺术照\
效果所在位置 效果文件\第7章\艺术照\

行业提示

艺术照调色技巧

艺术照在拍摄时画面已经很漂亮了，后期一般只需调整色调。需要注意的是，在调整照片色调时，需要根据客户在拍照前期选择的艺术照风格进行调整，否则选择的色调可能会与画面风格不一致。常见的艺术照色调有冷色调、暖色调和单色调等。

7.3.1 使用"曝光度"菜单命令调整颜色

"曝光度"菜单命令常用于处理曝光不足、颜色暗淡或曝光过度、颜色太亮的照片。下面打开"艺术照1.jpg"图像文件，增加图像的曝光度，使图像颜色恢复到正常状态，具体操作如下。

（1）打开"艺术照1.jpg"图像文件，选择"图像"/"调整"/"曝光度"菜单命令，打开"曝光度"对话框，在"曝光度""位移""灰度系数校正"文本框中分别输入"+0.98""−0.4""1"，单击 确定 按钮，如图7-25所示。

（2）返回图像窗口，可以发现图像中的颜色已发生了变化，如图7-26所示。

125

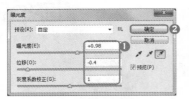

图7-25 设置"曝光度"参数　　　　　图7-26 查看调整后的效果

7.3.2 使用"自然饱和度"菜单命令调整颜色

　　"自然饱和度"菜单命令可增加图像颜色的饱和度，常用于在增加饱和度的同时，防止颜色因过于饱和而出现溢色，适合用于处理人物图像。下面打开"艺术照2.jpg"图像文件，对图像的饱和度进行处理，让艺术照中人物的颜色更加饱满，具体操作如下。

（1）打开"艺术照2.jpg"图像文件，选择"图像"/"调整"/"自然饱和度"菜单命令，打开"自然饱和度"对话框，在"自然饱和度""饱和度"文本框中分别输入"+80""10"，单击 确定 按钮，如图7-27所示。

（2）可以发现图像的颜色变得更加鲜艳，如图7-28所示。

图7-27 设置"自然饱和度"参数　　　　图7-28 查看调整后的效果

7.3.3 使用"黑白"菜单命令制作黑白照

　　"黑白"菜单命令能够将彩色图像转换为黑白图像，并调整图像中各颜色色调的深浅，使黑白照片具有层次感。下面打开"艺术照3.jpg"图像文件，对其中的图像进行黑白处理，让颜色丰富的照片变为黑白照，使图像具有复古感，具体操作如下。

（1）打开"艺术照3.jpg"图像文件，选择"图像"/"调整"/"黑白"菜单命令。

（2）打开"黑白"对话框，在"红色""黄色""绿色""青色""蓝色""洋红"文本框中分别输入"-40""140""60""60""20""40"，单击 确定 按钮，如图7-29所示。

（3）可以发现图像已经变为黑白效果，具有复古感，如图7-30所示。

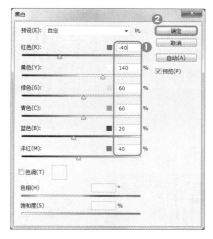

图7-29 设置"黑白"参数　　　　图7-30 查看调整后的效果

7.3.4 使用"阴影/高光"菜单命令调整明暗度

微课视频

"阴影/高光"菜单命令可以调整图像中特别亮或特别暗的区域，常用于矫正由强逆光形成的剪影的照片，以及因太接近闪光灯而导致曝光过度的照片。下面打开"艺术照4.jpg"图像文件，调整图像的阴影和高光，使画面更加自然，具体操作如下。

使用"阴影/高光"菜单命令调整图像明暗度

（1）打开"艺术照4.jpg"图像文件，选择"图像"/"调整"/"阴影/高光"菜单命令，打开"阴影/高光"对话框，在"阴影"栏的设置"数量""色调宽度""半径"文本框中分别输入"85""69""200"，在"高光"栏的"色调宽度"文本框中输入"75"，在"调整"栏的"颜色校正""中间调对比度"文本框中分别输入"-30""+50"，单击 确定 按钮，如图7-31所示。

（2）可以发现图像的亮度提高了，如图7-32所示。

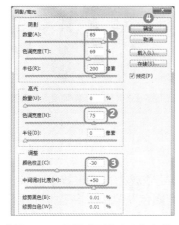

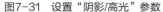

图7-31 设置"阴影/高光"参数　　　　图7-32 查看调整后的效果

7.3.5 使用"照片滤镜"菜单命令调整色调

"照片滤镜"菜单命令可以模拟传统光学滤镜效果，使图像呈暖色调、冷色调或其他色调。下面打开"艺术照5.jpg"图像文件，为图像添加浅蓝色调，完成后使用"色阶"菜单命令提高图像的亮度，具体操作如下。

微课视频
使用"照片滤镜"菜单命令调整图像色调

（1）打开"艺术照5.jpg"图像文件，选择"图像"/"调整"/"照片滤镜"菜单命令，打开"照片滤镜"对话框，单击选中 颜色(C): 单选项。单击其后的色块，打开"拾色器（照片滤镜颜色）"对话框，设置滤镜颜色为"#c2c5e4"（R:194,G:197,B:228），单击 确定 按钮，返回"照片滤镜"对话框，设置"浓度"为"80%"，单击 确定 按钮，如图7-33所示。

（2）可以发现图像的色彩偏向已变为正常，如图7-34所示。

图7-33　设置"照片滤镜"参数

图7-34　查看调整后的效果

（3）选择"图像"/"调整"/"色阶"菜单命令，打开"色阶"对话框，在"输入色阶"栏的文本框中从左到右依次输入"0""1.13""222"，单击 确定 按钮，如图7-35所示。

（4）可以发现图像亮度提高，呈蓝白色调，如图7-36所示。

图7-35　设置"色阶"参数

图7-36　查看调整亮度后的效果

7.4　课堂案例：制作艺术海报

在摄影公司提供的艺术照中，有部分艺术照要处理成艺术海报效果。米拉决定使用"替换颜色"菜单命令、"可选颜色"菜单命令、"匹配颜色"菜单命令等来处理艺术照。本案例的参考效果如图7-37所示，下面具体讲解其制作方法。

素材所在位置　素材文件\第7章\课堂案例\艺术海报\
效果所在位置　效果文件\第7章\艺术海报.psd

艺术海报高清彩图

图7-37 艺术海报的参考效果

7.4.1 使用"替换颜色"菜单命令替换颜色

使用"替换颜色"菜
单命令替换颜色

使用"替换颜色"菜单命令可以调整图像中多个不连续的相同颜色区域，常用于调整边缘较为复杂的图像的局部区域。下面将"小孩1.jpg""小孩2.jpg""小孩3.jpg"图像文件中的图像置入"海报蒙版.psd"图像文件中，并将"小孩1.jpg"图像文件中图像的黄色替换为紫色，具体操作如下。

（1）打开"海报蒙版.psd""小孩1.jpg""小孩2.jpg""小孩3.jpg"图像文件，将"小孩1.jpg""小孩2.jpg""小孩3.jpg"图像文件中的图像拖动到"海报蒙版.psd"图像窗口中，调整图像大小，并将"小孩1"所在图层拖动到"蒙版01"图层的上方。使用相同的方法将"小孩2"和"小孩3"所在图层分别拖动到"蒙版02"图层和"蒙版03"图层的上方，如图7-38所示。

（2）在"图层"面板中选择"图层1"图层，在其上单击鼠标右键，在弹出的快捷菜单中选择"创建剪贴蒙版"命令，如图7-39所示。将"图层1"图层载入下方矩形框中。此时拖动"图层1"对应的图像只能在矩形框中移动。

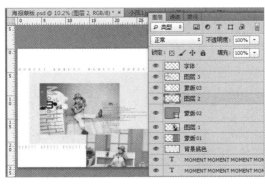

图7-38 添加图像

图7-39 创建剪贴蒙版

（3）使用相同的方法，在"图层"面板中选择"图层2"图层，为其创建剪贴蒙版；选择"图层3"图层，为其创建图层蒙版。查看创建剪贴蒙版后的图像效果，并拖动图像使主体显示在矩形框中，如图7-40所示。

（4）选择"图层1"图层，选择"图像"/"调整"/"替换颜色"菜单命令，如图7-41所

129

示，打开"替换颜色"对话框。

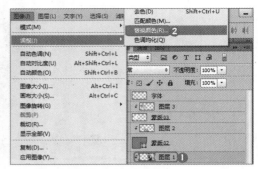

图7-40　创建其他剪贴蒙版　　　　　图7-41　选择菜单命令

（5）将鼠标指针移动到图像窗口中，在需要替换的颜色上单击提取颜色。这里单击黄色，在"色相"文本框中输入"-148"，在"饱和度"文本框中输入"-49"，在"明度"文本框中输入"+10"，如图7-42所示，单击 确定 按钮完成设置。

（6）替换颜色后的效果如图7-43所示。

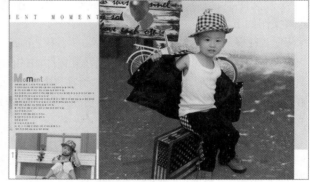

图7-42　设置"替换颜色"参数　　　　图7-43　查看替换颜色后的效果

7.4.2　使用"可选颜色"菜单命令修改图像中某一种颜色

　　"可选颜色"菜单命令可以对图像中的颜色进行针对性的修改，而不影响图像中的其他颜色。它主要是控制印刷油墨的含量来修改颜色。下面在"海报蒙版.psd"图像文件中选择"图层3"图层，并将其中的蓝色背景修改为紫色背景，使其与"图层1"图层统一，具体操作如下。

微课视频

使用"可选颜色"菜单命令修改图像中某一种颜色

（1）在"图层"面板中，选择"图层3"图层。选择"图像"/"调整"/"可选颜色"菜单命令，打开"可选颜色"对话框。

（2）在"颜色"下拉列表框中选择"蓝色"选项，在"青色""洋红""黄色""黑色"文本框中分别输入"-100""+100""-100""+100"，单击选中 绝对(A) 单选项，单击 确定 按钮完成设置，如图7-44所示。

（3）设置可选颜色后的效果如图7-45所示。

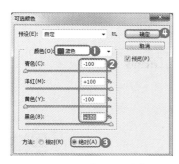

图7-44 设置"可选颜色"参数　　　　图7-45 查看设置可选颜色后的效果

7.4.3 使用"匹配颜色"菜单命令合成图像

使用"匹配颜色"菜单命令可以匹配不同图像之间的颜色。该菜单命令常用于图像合成。下面在"海报蒙版.psd"图像文件中选择"图层2"图层,并将其中的蓝色背景修改为紫色背景,使其与"图层1"图层的色调统一,具体操作如下。

（1）选择"图像"/"调整"/"匹配颜色"菜单命令,打开"匹配颜色"对话框,在"源"下拉列表框中选择"小孩3.jpg"选项,拖动"明亮度"滑块,设置其值为"114",拖动"颜色强度"滑块和"渐隐"滑块,设置它们的值为"45""6",单击 确定 按钮,如图7-46所示。

（2）设置匹配颜色后的效果如图7-47所示。最后将其保存为"艺术海报.psd"。

图7-46 设置"匹配颜色"参数　　　　图7-47 查看设置匹配颜色后的效果

7.5 项目实训

7.5.1 制作油画风格写真

1. 实训目标

本实训目标为制作油画风格的写真,要求画面唯美、色彩合理。在制作时,主要使用"亮度/对比度"菜单命令和"通道混合器"菜单命令等。写真调整前后的对比效果如图7-48所示。

素材所在位置	素材文件\第7章\项目实训\写真\
效果所在位置	效果文件\第7章\项目实训\油画写真.psd

图7-48　写真调整前后的对比效果

2. 相关知识

根据色彩可将艺术照划分为冷色调写真、暖色调写真和单色调写真；根据画面风格又可将艺术照分为韩版写真、唯美写真和童趣写真等。写真可以是一组照片，也可以是一张照片。本实训将制作一张暖色调的油画风格写真。

3. 操作思路

完成本实训可先调整写真的亮度与对比度，然后调整色调，最后添加相框，操作思路如图7-49所示。

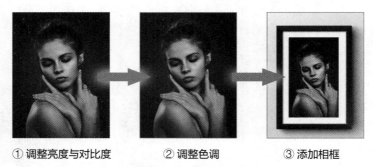

① 调整亮度与对比度　　　② 调整色调　　　③ 添加相框

图7-49　制作油画风格写真的操作思路

【步骤提示】

（1）打开"写真.jpg"图像文件，使用"亮度\对比度"菜单命令调整写真的亮度与对比度。

（2）使用"通道混合器"菜单命令调整"蓝"通道中"蓝色"的值为"+60"。

（3）打开"相框.jpg"图像文件，在放置写真的区域绘制矩形。

（4）将写真移动到相框中，调整写真的大小和位置。

（5）在写真所在图层上单击鼠标右键，在弹出的快捷菜单中选择"创建剪贴蒙版"命令，将写真放置在绘制的矩形中。

（6）保存图像文件，完成制作。

7.5.2　制作音乐海报

1. 实训目标

本实训目标为制作一张音乐海报，要求风格沉稳、有强烈的画面感，注意对海报的整体色调进行调整，音乐海报制作前后的对比效果如图7-50所示。

素材所在位置 素材文件\第7章\项目实训\音乐海报.psd
效果所在位置 效果文件\第7章\项目实训\音乐海报.psd

微课视频

制作音乐海报

图7-50　音乐海报制作前后的对比效果

2. 相关知识

音乐海报是海报的一种，具体风格可以根据音乐的风格确定。若选择的音乐为民歌，则音乐海报需要体现质朴的风格；若选择的音乐为古典音乐，则音乐海报需要体现高雅、浪漫的风格。

3. 操作思路

完成本实训可先打开素材，然后调整图片的色调并设置图层混合模式，最后添加文字，操作思路如图7-51所示。

① 打开素材　　　② 调整图片色调并设置图层混合模式　　　③ 添加文字

图7-51　制作音乐海报的操作思路

【步骤提示】

（1）打开"音乐海报.psd"图像文件，打开"色彩平衡"属性面板，设置"色阶"分别为"30""20""45"。

（2）打开"照片滤镜"对话框，设置"滤镜"为"青"，浓度为"45"。

（3）打开"亮度/对比度"对话框，设置"亮度"为"-15"。

（4）在"图层"面板中设置"彩光"图层的混合模式为"线性减淡（添加）"，并添加文字内容。

7.6　课后练习

本章主要介绍了色彩和色调调整的相关操作，如使用"亮度/对比度""自动调色""色阶""替换颜色""照片滤镜""曲线""可选颜色"等菜单命令。读者要掌握各种色彩和色调调整命令实现的效果，能根据图像中的色彩和色调，分析出调整时需要使用的命令，然后通过设置相关参数来得到满意的效果。

练习1：制作夕阳效果

将一张冷色调照片处理成暖色调照片，制作前后的对比效果如图7-52所示。

素材所在位置	素材文件\第7章\课后练习\风景.jpg、夕阳.jpg
效果所在位置	效果文件\第7章\课后练习\风景.jpg

【步骤提示】

（1）打开"风景.jpg""夕阳.jpg"图像文件。

（2）使用"匹配颜色"菜单命令将夕阳的色彩添加到"风景.jpg"图像文件中。

（3）适当调整图像的对比度，这里使用"自动对比度"菜单命令来调整。

图7-52　制作前后的对比效果

微课视频

制作夕阳效果

练习2：替换图像颜色

更改图像颜色前后的对比效果如图7-53所示。

素材所在位置	素材文件\第7章\课后练习\蓝色调.jpg
效果所在位置	效果文件\第7章\课后练习\红色调.psd

图7-53　更改图像颜色前后的对比效果

微课视频

替换图像颜色

【步骤提示】

（1）打开"蓝色调.jpg"图像文件，使用"替换颜色"菜单命令调整图像
的颜色，使色调偏深红。

（2）使用吸管工具 🖋 选取颜色，设置颜色容差，精细调整需要替换的颜色。

（3）使用"通道混合器"命令减小"蓝"通道中的蓝色值，这里将蓝色值设置为"+65"。

7.7　技巧提升

1. 颜色的情感表达

颜色可以表达丰富的情感。常见颜色的情感表达参考如下。

● **红色**。红色一般带有勇敢、激动、热情、危险、祝福等情感色彩，常用于食品、交
通、金融、石化、百货等行业。红色具有很强的视觉冲击力，"红+黑白灰"的搭
配更能体现冲击感。

● **绿色**。绿色是最接近大自然的颜色，带有生命、生长、和平、平静、安全和自然等
情感色彩，常用于食品、化妆品、安全等行业。

- **黄色**。黄色一般带有愉悦、嫉妒、奢华、光明、希望等情感色彩，常用于食品、能源、照明、金融等行业。黄色是亮丽的颜色，例如，"黄+黑"搭配非常有视觉冲击力；"黄+果绿+青绿"搭配使协调中有对比，"橘黄+紫+浅蓝"搭配使对比中有协调。

- **蓝色**。蓝色一般带有轻盈、忧郁、深远、宁静、科技等情感色彩，常用于IT、交通、金融、农林等行业。常见的商务风格配色为"蓝+白+浅灰"搭配，体现清爽干净；"蓝+白+深灰"搭配，体现成熟稳重；"蓝+白+对比色（或准对比色）"搭配，体现明快活跃。

- **紫色**。紫色的特点是娇柔、高贵、艳丽和优雅，通常用于营造气氛或表达神秘、有吸引力的情感色彩。

- **白色**。白色是明亮的色彩，通常用于表现纯洁、快乐、神圣和朴实等情感色彩。

2. 使用"色调分离"菜单命令分离图像中的色调

　　"色调分离"菜单命令通过指定的色阶值将图像中相应匹配的像素的色调和亮度统一，若减少色阶的数量，将减少图像中颜色的数量。选择"图像"/"调整"/"色调分离"菜单命令，打开"色调分离"对话框，在其中拖动"色阶"滑块调整分离的色阶值即可分离色调。

3. 使用"去色"菜单命令和"反向"菜单命令调色

　　使用"去色"菜单命令可去掉图像中除黑色、灰色和白色以外的颜色，使用"反向"菜单命令可将图像中的颜色替换为相对应的补色，且不会丢失图像颜色信息。例如，将红色替换为绿色，反向后可将正常图像转换为负片或将负片还原为正常图像。下面介绍"去色"菜单命令和"反向"菜单命令的使用方法。

- **"去色"菜单命令**。打开一个彩色图像文件，选择"图像"/"调整"/"去色"菜单命令，可将图像中的彩色去掉。

- **"反向"菜单命令**。打开一个正常的图像文件，选择"图像"/"调整"/"反向"菜单命令，可制作出该图像的负片效果。

4. 使用"阈值"菜单命令和"色调均化"菜单命令调色

　　使用"阈值"菜单命令可将彩色或灰度图像转换为只有黑白两种颜色的高对比度图像。使用"色调均化"菜单命令可重新分配图像中各像素的亮度。下面介绍"阈值"菜单命令和"色调均化"菜单命令的使用方法。

- **"阈值"菜单命令**。打开一个彩色图像文件后，选择"图像"/"调整"/"阈值"菜单命令，在打开的"阈值"对话框的"阈值色阶"文本框中输入1~255的整数，单击 确定 按钮，可将图像转换为高对比度的黑白图像。

- **"色调均化"菜单命令**。打开一个彩色图像文件，选择"图像"/"调整"/"色调均化"菜单命令，可重新分配图像中各像素的亮度。

5. 使用"色阶"菜单命令调色

　　"色阶"菜单命令主要用于调整图像的阴影、中间调和高光的强度级别，调整色调范围和色彩平衡。在"输入色阶"栏中，阴影滑块位于色阶0处时，对应的像素是纯黑色，向右移动阴影滑块，系统会将当前阴影滑块所在位置的像素值映射为色阶0，即阴影滑块所在位置左侧的所有像素都为黑色。高光滑块位于色阶255处时，对应的像素是纯白色，向左移动高光滑块，高光滑块所在位置右侧的所有像素都会变为白色。中间调滑块位于色阶128处，主要用于调整图像中的灰度系数，可以改变灰色调中间范围的强度值，但不会明显改变高光和阴影。"输出色阶"栏中的两个滑块主要用于限定图像的亮度范围，拖动阴影滑块时，左侧的色调都会映射为阴影滑块当前位置的灰色，图像中最暗的色调将不再为黑色，而是灰色。高光滑块的作用与阴影滑块相反。

第 8 章
蒙版、通道和3D图层的应用

情景导入

　　经过一段时间的工作，米拉发现自己对Photoshop CS6的了解还不够多，对蒙版、通道和3D的应用也不是很熟练。看过老洪的作品后，米拉才知道Photoshop CS6还有很多特殊功能，决定继续学习。

学习目标

● 掌握合成图像的方法。
　　包括创建蒙版、编辑蒙版、使用蒙版调色等。

● 掌握制作3D地球效果的方法。
　　包括创建智能对象图层、创建3D图层、编辑3D图层等。

● 掌握使用通道抠取透明商品的方法。
　　包括创建Alpha通道、复制通道和删除通道等。

● 掌握使用通道调整照片颜色、处理人像的方法。
　　包括分离通道、合并通道、计算通道等。

案例展示

▲使用蒙版合成熊与孩子

▲制作3D地球效果

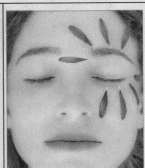

▲使用通道处理人像

8.1　课堂案例：使用蒙版合成熊与孩子

　　这段时间，一杂志社委托老洪帮忙合成一张熊与孩子的梦幻照片，用于宣传"人与动物和平共处"的主题。老洪将这项任务交给米拉来完成，米拉浏览杂志社提供的图像文件后，决定利用一张船的图像作为背景进行合成。完成这个案例需要用到快速蒙版、图层蒙版和矢量蒙版。本案例的参考效果如图8-1所示，下面具体讲解其制作方法。

素材所在位置　素材文件\第8章\课堂案例\熊与孩子\
效果所在位置　效果文件\第8章\船.psd

图8-1　合成熊与孩子的参考效果

扫一扫

熊与孩子高清彩图

行业提示

蒙版在图像合成中的作用

　　蒙版就像是在图层上贴了一张纸，用来控制图像的显示。在图像合成中，通过蒙版可以控制多张图像显示和隐藏的内容，还可以通过蒙版控制编辑的区域。

8.1.1　创建快速蒙版

　　在图像中创建快速蒙版，可以将图像中的某一部分创建为选区。需要注意的是，快速蒙版的作用范围是整个图像，而不是当前图层。下面打开"熊.jpg"图像文件，将背景区域创建为选区，具体操作如下。

微课视频

创建快速蒙版

（1）打开"熊.jpg"图像文件，单击工具箱底部的"以快速蒙版模式编辑"按钮▣，系统自动创建快速蒙版。在工具箱中选择画笔工具✎，设置前景色为黑色，在图像中对熊以外的区域进行涂抹，并查看涂抹后的效果，创建蒙版区域，如图8-2所示。

（2）单击工具箱中的"以标准模式编辑"按钮▣，退出快速蒙版编辑状态，此时图像中的熊被选区选中，如图8-3所示。

（3）选择"选择"/"调整边缘"菜单命令，打开"调整边缘"对话框，在"视图"下拉列表框中选择"黑底"选项，设置半径为"2像素"、平滑为"2"、羽化为"0像素"、对比度为"5%"、移动边缘为"0%"，如图8-4所示。

（4）不关闭该对话框，在工具属性栏中设置"大小"为"35"，涂抹熊的边缘，调整边缘毛的显示，如图8-5所示，单击 确定 按钮。

图8-2　创建快速蒙版

图8-3　退出快速蒙版编辑状态的选区效果

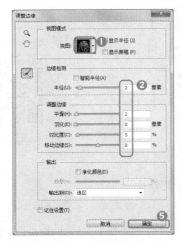

图8-4　设置"调整边缘"参数

图8-5　调整边缘

8.1.2　创建图层蒙版

　　图层蒙版与快速蒙版不同，使用它可以控制图像在图层蒙版不同区域隐藏或显示的状态。下面在"熊.jpg"图像文件中根据选区创建图层蒙版，将熊合成到背景中，然后在"女孩.jpg"图像文件中绘制路径，根据路径创建图层蒙版，将女孩合成到背景中，具体操作如下。

（1）双击背景图层，打开"新建图层"对话框，单击 确定 按钮，将背景图层转换为普通图层，如图8-6所示。

（2）选择"图层"/"图层蒙版"/"显示选区"菜单命令，基于当前选区创建图层蒙版，如图8-7所示。

（3）查看创建的图层蒙版效果，背景被隐藏，只显示熊，如图8-8所示。

（4）打开"船.jpg"图像文件，在工具箱中选择移动工具 ，将熊拖动到背景中，调整大小与位置，合成效果如图8-9所示。

（5）打开"女孩.jpg"图像文件，在工具箱中选择钢笔工具 ，在工具属性栏中设置工具绘图模式为"路径"，在图像窗口中左边女孩的边缘单击，沿着女孩轮廓绘制路径，如图8-10所示。注意，绘制的路径最后必须是闭合状态，这样才能将其转换为选区。

（6）按"Ctrl+Enter"组合键将路径转换为选区，如图8-11所示。

微课视频

创建图层蒙版

图8-6　将背景图层转换为普通图层　　　　　图8-7　基于选区创建图层蒙版

图8-8　查看图层蒙版　　　　　　　　　　图8-9　将熊置入背景

图8-10　绘制路径　　　　　　　　　　图8-11　将路径转换为选区

（7）选择"图层"/"图层蒙版"/"显示选区"菜单命令，基于当前选区创建图层蒙版，如
　　　图8-12所示。

（8）在工具箱中选择移动工具，将女孩拖动到背景中，调整大小与位置，合成效果如图
　　　8-13所示。

图8-12　查看图层蒙版　　　　　　　　　　图8-13　合成效果

多学
一招

编辑图层蒙版

在图层蒙版中，黑色区域表示隐藏区域，白色区域表示显示区域。选择图层蒙版后，使用画笔工具中的白色画笔涂抹图层蒙版可添加显示区域，使用黑色画笔涂抹图层蒙版可添加隐藏区域，使用灰色画笔可绘制出半透明的蒙版效果。

（9）在"图层"面板中新建"图层3"图层，将其置于"图层1"图层的下方，按住"Ctrl"键单击熊所在图层的图层蒙版缩略图即可载入熊选区。选择"图层3"图层，将前景色设置为黑色，按"Alt+Delete"组合键为选区填充黑色，如图8-14所示。

（10）按"Ctrl+T"组合键进入自由变换状态，在图像上单击鼠标右键，在弹出的快捷菜单中选择"变形"命令，拖动控制点和控制线，调整外观，制作熊的投影效果，如图8-15所示，按"Enter"键完成变换。

图8-14　新建与填充熊的投影图层　　　　图8-15　制作熊的投影效果

（11）在"图层"面板中新建"图层4"图层，将其置于"图层1"图层的下方，按住"Ctrl"键单击女孩所在图层的图层蒙版缩略图即可载入女孩选区。选择"图层4"图层，将前景色设置为黑色，按"Alt+Delete"组合键为选区填充黑色，如图8-16所示。

（12）按"Ctrl+T"组合键进入自由变换状态，在图像上单击鼠标右键，在弹出的快捷菜单中选择"变形"命令，拖动控制点和控制线，调整外观，制作女孩的投影效果，如图8-17所示，按"Enter"键完成变换。

图8-16　新建与填充女孩的投影图层　　　　图8-17　制作女孩的投影效果

8.1.3　创建矢量蒙版

矢量蒙版也是一种常用的蒙版，在处理图像时可以将创建的路径转换为矢量蒙版。下面为图像创建矩形路径，并通过矩形路径创建矢量蒙版，通过为矢量蒙版添加描边、投影图层样式，创建将图像置于画框的效果，具体操作如下。

微课视频

创建矢量蒙版

（1）选择所有图层，按"Ctrl+Shift+Alt+E"组合键将所有图层盖印到一个图层上，在工具箱中选择矩形工具 ▣，在工具属性栏中设置工具绘图模式为"路径"，在盖印后的图层上绘制矩形路径，如图8-18所示。

（2）选择"图层"/"矢量蒙版"/"当前路径"菜单命令，根据当前路径创建矢量蒙版，如图8-19所示。

图8-18 绘制路径

图8-19 创建矢量蒙版

> **多学一招**
>
> **图层蒙版与矢量蒙版的区别**
>
> 图层蒙版是基于像素的，由选区生成。图层蒙版缩放后，蒙版边缘会出现锯齿。矢量蒙版是基于路径的，由路径或图形生成。矢量蒙版缩放后，蒙版边缘不会出现锯齿。矢量蒙版不能绘制半透明效果。

（3）查看创建的矢量蒙版效果，路径外的区域被隐藏起来，如图8-20所示。

图8-20 查看创建的矢量蒙版效果

（4）在"图层"面板中双击矢量蒙版所在图层的缩略图，打开"图层样式"对话框，勾选 ☑描边 复选框，在"大小"文本框中输入"4"，单击颜色色块，设置描边颜色为白色（R:255,G:255,B:255），如图8-21所示。

（5）勾选 ☑投影 复选框，设置角度为"40度"，距离为"26像素"，扩展为"0%"，大小为"1像素"，单击 确定 按钮，如图8-22所示。

（6）选择"图像"/"调整"/"变化"菜单命令，打开"变化"对话框，单击选中 ◉中间调 单选项，选择"加深青色"选项，单击 确定 按钮，如图8-23所示。

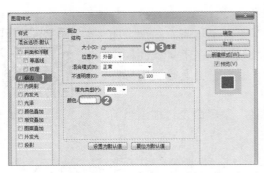

图8-21 添加描边

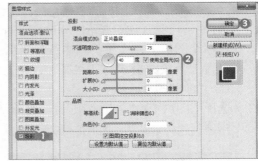

图8-22 添加投影

图8-23 设置"变化"参数

（7）在"图层"面板中单击矢量蒙版缩览图，将其选中，如图8-24所示。

（8）按"Ctrl+T"组合键进入自由变换状态，在图像上单击鼠标右键，在弹出的快捷菜单中选择"透视"命令，拖动控制点，调整透视效果，如图8-25所示，按"Enter"键完成变换。

图8-24 选择矢量蒙版缩览图

图8-25 添加透视效果

8.2 课堂案例：使用蒙版为裙子添加花纹

公司让米拉处理一张"小清新"风格的宣传照，为了突出"小清新"风格，米拉决定在模特洁白的裙子上添加一些小碎花。完成本案例，需要进行创建剪贴蒙版、使用蒙版调色等操作。为裙子添加花纹前后的对比效果如图8-26所示，下面具体讲解其制作方法。

素材所在位置　素材文件\第8章\课堂案例\花纹.jpg、女孩背影.jpg
效果所在位置　效果文件\第8章\女孩背影.psd

扫一扫

花裙子高清彩图

图8-26　为裙子添加花纹前后的对比效果

8.2.1　创建剪贴蒙版

使用剪贴蒙版可以将一幅图像置于所需的图像区域中，并对图像
进行编辑，且图像的形状不会发生变化。下面为裙子创建形状，再通过
剪贴蒙版将花纹置于裙子形状中，具体操作如下。

微课视频

创建剪贴蒙版

（1）打开"女孩背影.jpg"图像文件，在工具箱中选择钢笔工具 ，
　　在工具属性栏中设置工具绘图模式为"形状"，设置填充颜色
　　为白色（R:255,G:255,B:255），取消描边，在图像窗口中沿着
　　女孩裙子边缘绘制裙子形状，在"图层"面板中将"形状1"图层的不透明度设置为
　　"50%"，如图8-27所示。
（2）在"图层"面板中选择"形状1"图层，单击下方的"添加图层蒙版"按钮 ，创建图
　　层蒙版，选择图层蒙版，在工具箱中选择画笔工具 ，设置前景色为黑色，在裙子下
　　边缘涂抹，隐藏形状下边缘的颜色，显示裙子原有的边缘，如图8-28所示。

图8-27　绘制裙子形状　　　　　图8-28　添加图层蒙版控制隐藏区域

（3）打开"花纹.jpg"图像文件，将花纹添加到"女孩背影.jpg"图像文件中，调整大小与位
　　置，使其覆盖裙子区域，如图8-29所示。
（4）在"图层"面板中选择花纹所在的图层，选择"图层"/"创建剪贴蒙版"菜单命令，
　　如图8-30所示。

143

图8-29 添加花纹

图8-30 创建剪贴蒙版

（5）查看创建的剪贴蒙版效果，花纹所在的图层带有向下的箭头，花纹显示在裙子形状中，
形状外的花纹被隐藏，如图8-31所示。

图8-31 查看剪贴蒙版效果

8.2.2 使用蒙版调色

微课视频

使用蒙版调色

若需要对图像的部分区域进行调色且不破坏原图像，可通过蒙版来
实现。下面先新建调整图层并通过调整图层调整图像的整体色阶，然后
通过蒙版调整裙子的色相与饱和度，具体操作如下。

（1）在"女孩背影.jpg"图像文件的"图层"面板底部单击"创建新的
填充或调整图层"按钮，在弹出的下拉列表框中选择"色阶"
选项，如图8-32所示。

（2）打开"色阶"属性面板，在滑块上方的文本框中分别输入"45""1.00""255"，查看
调整效果，如图8-33所示。

（3）在"图层"面板底部单击"创建新的填充或调整图层"按钮，在弹出的下拉列表框
中选择"色相/饱和度"选项，如图8-34所示。

（4）打开"色相/饱和度"属性面板，在"预设"下方的下拉列表框中选择"全图"选项，
在"色相""饱和度""明度"文本框中分别输入"+99""+12""0"，查看调色效
果，如图8-35所示。

（5）选择"色相/饱和度1"图层蒙版，按住"Ctrl"键单击裙子所在图层的缩略图，载入
裙子选区，按"Ctrl+Shift+I"组合键反选裙子以外的区域，设置前景色为黑色，按

"Alt+Delete"组合键为选区填充黑色，如图8-36所示。

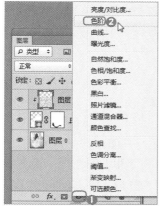

图8-32 选择"色阶"选项 　　　　　　　　图8-33 设置"色阶"参数

图8-34 选择"色相/饱和度"选项 　　　图8-35 设置"色相/饱和度"参数

（6）此时可发现裙子以外的区域还原了调整"色相/饱和度"前的效果，即蒙版黑色区域不
　　　受调色影响，仅白色区域应用调色效果，如图8-37所示。保存图像文件，完成本案例
　　　的制作。

图8-36 选择并编辑蒙版 　　　　图8-37 编辑蒙版后的效果

多学一招

蒙版的删除、停用和应用

　　创建蒙版后，选择"图层"面板中的蒙版，在其上单击鼠标右键，在弹出的快捷菜单中选择不同的命令，可对蒙版进行删除、停用和应用等操作，还可以对矢量蒙版进行栅格化操作，将其转换为图层蒙版。

8.3　课堂案例：制作3D地球效果

　　老洪告诉米拉，Photoshop CS6不仅可以处理平面图形、进行平面设计，还可以制作简单的3D图形。他交给米拉一个简单的任务，利用Photoshop CS6制作3D地球效果。米拉构思了3D地球效果的制作过程，决定使用Photoshop CS6的3D工具来完成。本案例的参考效果如图8-38所示，下面具体讲解其制作方法。

素材所在位置　素材文件\第8章\课堂案例\地貌.jpg
效果所在位置　效果文件\第8章\3D地球效果.psd

扫一扫

3D地球高清彩图

图8-38　3D地球参考效果

8.3.1　创建智能对象图层

　　智能对象是一个嵌入在当前文件中的对象，可以是图像，也可以是矢量图形。智能对象图层能够保留对象的源内容和所有原始特征。这是一种非破坏性的编辑功能。下面将普通图层转换为智能对象图层，具体操作如下。
（1）打开"地貌.jpg"图像文件，复制一个背景图层，如图8-39所示。
（2）选择"图层"/"智能对象"/"转换为智能对象"菜单命令，将复制的图层转换为智能对象图层，如图8-40所示。

微课视频

创建智能对象图层

图 8-39　复制图层　　　　　　　　　　　　图 8-40　转换为智能对象图层

智能对象图层的操作

多学一招

可以对智能对象图层进行某些操作。例如，通过自由变换操作可以制作出旋转的效果，选择"图层"/"智能对象"/"替换内容"菜单命令可以替换智能对象图层中的内容，选择"图层"/"智能对象"/"编辑内容"菜单命令可以编辑智能对象图层中的内容，选择"图层"/"智能对象"/"栅格化"菜单命令可以将智能对象图层转换为普通图层，选择"图层"/"智能对象"/"导出内容"菜单命令可以将智能对象图层导出。

8.3.2　创建3D图层

微课视频
创建 3D 图层

在Photoshop CS6中创建3D图层的方法很多，可通过3D文件新建图层、通过图层新建3D明信片、通过图层新建形状、通过灰度新建网格、通过图层新建体积和凸纹等。选择不同的创建方法，实现的效果不同，下面主要讲解通过图层新建形状的方法，具体操作如下。

（1）选择"背景"图层，新建一个透明图层，并填充由黑到白的渐变效果，如图8-41所示。
（2）选择创建的智能对象图层，选择"3D"/"从图层新建网格"/"网格预设"/"球体"菜单命令，将图层根据选择的菜单命令创建出形状，如图8-42所示。

图 8-41　渐变填充图层

图 8-42　创建3D图层

8.3.3　编辑3D图层

微课视频
编辑 3D 图层

可以对创建的3D图层进行编辑，如替换材质和调整光源等，下面调整光照位置和地球角度，具体操作如下。

（1）选择"窗口"/"3D"菜单命令，打开"3D"面板，在面板上方单击"显示所有光照"按钮，如图8-43所示。
（2）单击"属性"选项卡，在"类型"下拉列表框中选择"无限光"选项，设置"强度"为"148%"，"颜色"为白色（R:255,G:255,B:255），如图8-44所示。
（3）设置完成后的效果如图8-45所示。

图 8-43　"3D"面板

图 8-44　设置光照参数

图 8-45　设置后的效果

147

（4）双击3D地球所在的图层，打开"图层样式"对话框，勾选 ☑外发光 复选框，设置外发光颜色为白色（R:255,G:255,B:255），"大小"为"12像素"，单击 确定 按钮，如图8-46所示。

（5）返回图像窗口查看外发光效果，如图8-47所示。

（6）单击出现的光照图标 ，在图像立体框外拖动鼠标指针，调整光照角度，如图8-48所示。

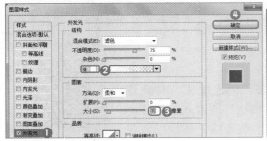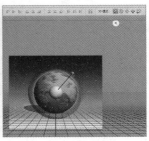

图 8-46　设置"外发光"参数　　　　图 8-47　查看外发光效果　　图 8-48　调整光照角度

（7）在属性栏中单击"旋转3D对象"按钮 ，在图像立体框外拖动鼠标指针，旋转对象到合适位置，如图8-49所示。

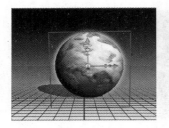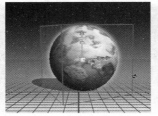

图 8-49　旋转对象

8.4　课堂案例：使用通道抠取透明商品

　　米拉在为一组商品图片抠取素材，但是抠取玻璃素材的效果不是很理想。她去请教老洪，老洪告诉她："你可以使用通道来抠取这些复杂的图像。"米拉听了老洪的建议后，使用Photoshop CS6的通道功能抠取透明商品，发现这不仅操作简单，而且抠取效果很不错。本案例制作前后的对比效果如图8-50所示，下面具体讲解其制作方法。

　素材所在位置　素材文件\第8章\课堂案例\冰块.jpg
　　　　　　　　　效果所在位置　效果文件\第8章\冰块.psd

扫一扫

冰块高清彩图

图8-50　制作前后的对比效果

8.4.1　认识"通道"面板

在默认情况下，"通道"面板、"图层"面板和"路径"面板在同一面板组中，可以直接单击"通道"选项卡，打开"通道"面板，如图8-51所示，其中选项的含义如下。

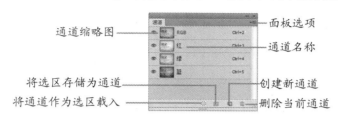

图8-51　"通道"面板

- **"将通道作为选区载入"按钮**。单击该按钮可以将当前通道中的图像内容转换为选区。选择"选择"/"载入选区"菜单命令和单击该按钮的效果一样。
- **"将选区存储为通道"按钮**。单击该按钮可以自动创建Alpha通道，并将图像中的选区保存。选择"选择"/"存储选区"菜单命令和单击该按钮的效果一样。
- **"创建新通道"按钮**。单击该按钮可以创建新的Alpha通道。
- **"删除当前通道"按钮**。单击该按钮可以删除选择的通道。
- **"面板选项"按钮**。单击该按钮可弹出通道的部分菜单选项。

8.4.2　创建Alpha通道

在"通道"面板中创建的新通道称为Alpha通道，可以通过创建Alpha通道来保存和编辑图像选区，具体操作如下。

（1）打开"冰块.jpg"图像文件，切换到"通道"面板。

（2）单击按钮，在弹出的下拉列表中选择"新建通道"选项。

（3）在打开的"新建通道"对话框中设置Alpha通道的名称为"填充色"，单击 确定 按钮，如图8-52所示。

（4）此时可看到新建的名为"填充色"的Alpha通道，如图8-53所示。

图8-52　"新建通道"对话框

图8-53　新建的Alpha通道

微课视频

创建 Alpha 通道

8.4.3　复制和删除通道

在利用通道编辑图像的过程中，复制通道和删除通道是常用的操作。

1. 复制通道

复制通道和复制图层的原理相同，复制通道是将一个通道中的图像信息复制后，粘贴到另一个图像文件的通道中，且原通道中的图像保持不变。本案例复制通道的具体操作如下。

（1）在"通道"面板中选择"红"通道，单击右上角的按钮，

微课视频

复制通道

在弹出的下拉列表中选择"复制通道"选项，打开"复制通道"对话框，直接单击 确定 按钮，如图8-54所示。

（2）此时复制的通道位于"通道"面板底部，如图8-55所示。

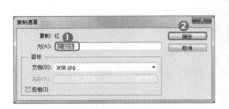

图8-54 "复制通道"对话框

图8-55 复制的通道

（3）选择"图像"/"调整"/"色阶"菜单命令，打开"色阶"对话框，在"输入色阶"栏下的第一个文本框中输入"35"，单击 确定 按钮，如图8-56所示。调整色阶后的效果如图8-57所示。

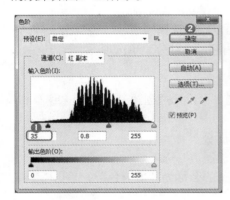

图8-56 "色阶"对话框

图8-57 调整色阶后的效果

（4）按住"Ctrl"键的同时单击"红 副本"通道的缩略图，载入选区，如图8-58所示，选择部分即为图像的高光部分。

（5）利用快速选择工具 减去图像中不需要的高光部分，效果如图8-59所示。

图8-58 载入选区

图8-59 减去不需要的高光部分

（6）切换到"图层"面板，选择"背景"图层，新建一个透明图层，设置前景色为白色，按

"Alt+Delete"组合键快速填充前景色。

（7）按"Ctrl+D"组合键取消选区，效果如图8-60所示，此时的"图层"面板如图8-61
所示。

图8-60　填充选区效果

图8-61　"图层"面板

（8）切换到"通道"面板，选择"红 副本"通道。

（9）选择"图像"/"调整"/"反相"菜单命令，得到图8-62所示的效果。

（10）按住"Ctrl"键的同时单击"红 副本"通道缩略图，载入选区，如图8-63所示，选择
部分即为图像的暗调区域。

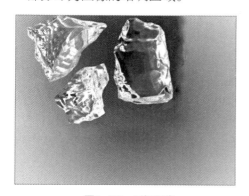

图8-62　反相图像

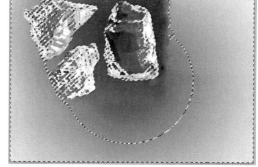

图8-63　载入选区

（11）利用快速选择工具减去图像中不需要的暗调区域，如图8-64所示。

（12）切换到"图层"面板，选择"背景"图层，新建一个透明图层，设置前景色为黑色，
按"Alt+Delete"组合键快速填充前景色。

（13）按"Ctrl+D"组合键取消选区，得到的图像效果如图8-65所示。

图8-64　减去不需要的暗调区域

图8-65　填充黑色效果

（14）隐藏"背景"图层，如图8-66所示。

（15）将"图层2"图层的"填充"设置为"70%"，如图8-67所示。

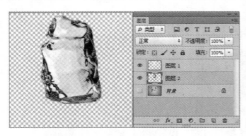

图8-66　隐藏"背景"图层　　　　　图8-67　设置图层填充值

（16）在按住"Ctrl"键的同时在"图层"面板上连续单击"图层1"图层和"图层2"图层，选择这两个图层。按"Ctrl+Alt+Shift+E"组合键盖印选中的图层，得到"图层3"图层，如图8-68所示，完成冰块图像的抠取操作。

图8-68　盖印图层

2．删除通道

将多余的通道删除，可以减少系统资源的使用，提高运行速度。删除通道有以下3种方法。

● 选择需要删除的通道，在其上单击鼠标右键，在弹出的快捷菜单中选择"删除通道"命令。

● 选择需要删除的通道，单击"通道"面板右上角的 按钮，在弹出的下拉列表中选择"删除通道"选项。

● 选择需要删除的通道，按住鼠标左键将其拖动到"通道"面板底部的"删除当前通道"按钮 上。

8.5　课堂案例：使用通道调整照片颜色

米拉学习了通道的相关知识后，发现通道的功能非常强大，不但可以抠取一些复杂的图像，还可以调整图像的颜色。老洪对米拉说："利用通道来调整图像的色调可以得到一些特殊的图像颜色效果，这也是通道的一大特色功能。"米拉听后，决定尝试使用通道来调整照片颜色，主要使用分离通道、合并通道操作来完成。使用通道调整照片颜色的前后对比效果如图8-69所示，下面具体讲解制作方法。

素材所在位置　素材文件\第8章\课堂案例\照片.jpg
效果所在位置　效果文件\第8章\照片.jpg

扫一扫

照片高清彩图

图8-69　使用通道调整照片颜色的前后对比效果

8.5.1　分离通道

若只需在单个通道中处理某一个通道的图像，可将通道分离出来。在分离通道时，图像的颜色模式直接影响通道分离出的文件数，例如，RGB颜色模式的图像文件会分离成3个独立的文件，CMYK颜色模式的图像文件会分离出4个独立的文件。被分离出的文件分别保存了原文件各颜色通道的信息。下面在"照片.jpg"图像文件中分离通道，并调整通道的颜色，具体操作如下。

微课视频

分离通道

（1）打开"照片.jpg"图像文件，选择"窗口"/"通道"菜单命令，打开"通道"面板，如图8-70所示。

（2）单击"通道"面板右上角的 按钮，在弹出的下拉列表中选择"分离通道"选项，如图8-71所示。

图8-70　"通道"面板　　　　　　图8-71　分离通道

（3）此时图像将按每个通道分离，且每个通道分别以单独的图像窗口显示，如图8-72所示。

（4）切换到"照片.jpg.红"图像窗口，选择"图像"/"调整"/"曲线"菜单命令，打开"曲线"对话框，在曲线上单击添加控制点，在"输出"和"输入"文本框中分别输入"73"和"63"，单击 确定 按钮，如图8-73所示。

 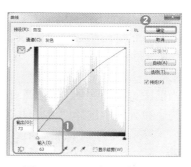

图8-72　分离通道后的效果　　　　图8-73　设置"曲线"参数

（5）此时可发现"照片.jpg_红"图像窗口中的图像对比效果更加鲜明，图8-74所示为调整
曲线前后的效果对比。

图8-74　调整曲线前后的效果对比

（6）切换到"照片.jpg_蓝"图像窗口，选择"图像"/"调整"/"色阶"菜单命令，打开
"色阶"对话框，在"输入色阶"栏中拖动滑块调整颜色，或在"输入色阶"栏下方中
间的文本框中输入"1.2"，单击 确定 按钮，如图8-75所示。

（7）此时"照片.jpg_蓝"图像窗口中的图像已发生变化，如图8-76所示。

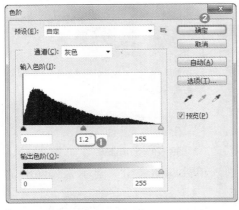

图8-75　设置"色阶"参数　　　　　　　　　图8-76　设置色阶后的效果

8.5.2　合并通道

分离的通道是以灰度模式显示的，无法正常使用，使用时需将分
离的通道合并。下面在"照片.jpg"图像窗口中对分离后并调整了颜
色显示的通道进行合并操作，并查看合并通道后的图像的显示效果，
具体操作如下。

微课视频

合并通道

（1）打开当前图像窗口中的"通道"面板，单击右上角的 按钮，在
打开的下拉列表中选择"合并通道"选项，如图8-77所示。

（2）打开"合并通道"对话框，在"模式"下拉列表框中选择"RGB颜色"选项，单击
确定 按钮，如图8-78所示。

图8-77 选择"合并通道"选项 　　　　　图8-78 设置合并通道

（3）打开"合并RGB通道"对话框，在"红色"下拉列表框中选择"照片.jpg_绿"选项，在"绿色"下拉列表框中选择"照片.jpg_红"选项，进行通道互换，单击 确定 按钮，如图8-79所示。

（4）返回图像窗口即可发现合并通道后，图像窗口合并成一个，效果已发生变化，如图8-80所示，保存图像文件，完成本案例的操作。

图8-79 进行通道互换 　　　　　图8-80 完成后的效果

8.6　课堂案例：使用通道处理人像

通过对通道的学习，米拉发现通道在处理人像方面的表现非常优秀，不但可以进行皮肤美白和磨皮，还能将皮肤上大片的斑点去除。使用通道处理人像比较简单、快速，与使用修复工具组中的工具进行处理相比，能节省不少时间。老洪对米拉说："利用通道处理人像主要是通过通道的计算来实现的。"米拉听后马上找出一张需要祛斑的人像，利用计算通道、将通道作为选区载入、将选区存储为通道等操作来处理人像。人像处理前后的对比效果如图8-81所示，下面具体讲解制作方法。

素材所在位置　素材文件\第8章\课堂案例\美肤.jpg
效果所在位置　效果文件\第8章\美肤.psd

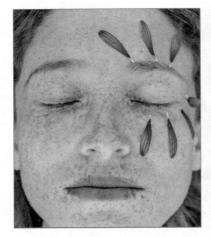 

扫一扫

美肤高清彩图

图8-81 人像处理前后的对比效果

8.6.1 计算通道

处理通道时，若发现图像通道的对比效果不太明显，可以利用
"计算"菜单命令对通道图像进行计算，来生成一张对比强烈的新通道
图像。下面在"美肤.jpg"图像文件中使用计算通道的方法创建对比强
烈的新通道，具体操作如下。

微课视频

计算通道

（1）切换到"通道"面板，在其中选择"绿"通道，将其拖动到面板
底部的"创建新通道"按钮 🖿 上，复制"绿"通道，生成"绿 副本"通道，如图8-82
所示。

（2）选择"绿 副本"通道，选择"滤镜"/"其他"/"高反差保留"菜单命令，如图8-83
所示。

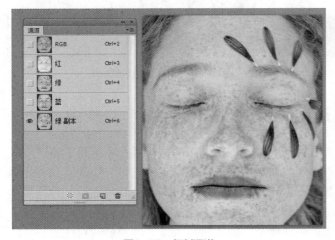

图8-82 复制通道

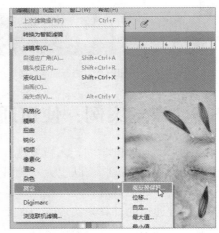

图8-83 选择滤镜

（3）打开"高反差保留"对话框，在其中设置"半径"为"10.0像素"，单击 确定 按
钮，如图8-84所示。

（4）高反差保留后的效果如图8-85所示。

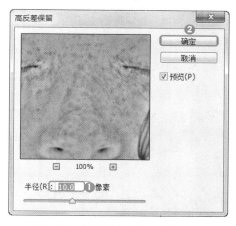

图8-84 设置"高反差保留"参数

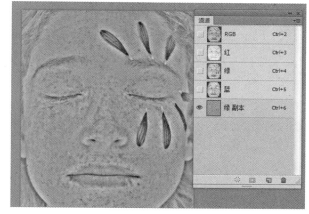

图8-85 查看高反差保留后的效果

（5）选择"图像"/"计算"菜单命令，打开"计算"对话框，在其中设置"混合"为"强光"，"结果"为"新建通道"，单击 确定 按钮，如图8-86所示。新建的通道自动命名为"Alpha 1"。

（6）利用相同的方法再次执行"计算"菜单命令，强化色点，得到"Alpha 2"通道，如图8-87所示。在强化过程中，随着计算次数的增多，颜色也随之加深。

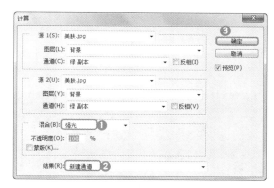

图8-86 设置"计算"参数

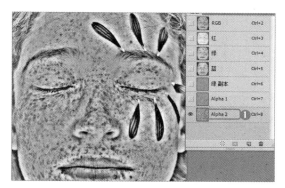

图8-87 继续计算通道

8.6.2 将通道作为选区载入

通道的颜色为灰色，将通道作为选区载入时可以将白色区域选中。下面在"美肤.jpg"图像文件中将计算后的新通道作为选区载入，然后反选选区，将图像中的深色部分选中，再利用反选后的选区创建曲线调整图层，使皮肤显得白皙、干净，具体操作如下。

微课视频

将通道作为选区载入

（1）单击"通道"面板底部的"将通道作为选区载入"按钮 ，载入选区，此时画面中出现蚂蚁状的选区，如图8-88所示。

（2）按"Ctrl+2"组合键返回彩色图像编辑状态，按"Ctrl+Shift+I"组合键反选选区，按"Ctrl+H"组合键快速隐藏选区，以便更好地观察图像的变化，如图8-89所示。

多学
一招

返回彩色图像编辑状态的其他方法

在"通道"面板中单击"RGB"通道，可返回彩色图像编辑状态。若只单击"RGB"
通道前的◉按钮，将显示彩色图像，但图像仍然处于单通道编辑状态。

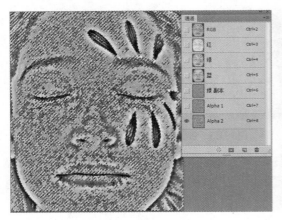

图8-88　载入选区　　　　　　　　　　　　图8-89　反选并隐藏选区

（3）在"图层"面板底部单击"创建新的填充或调整图层"按钮◉，在弹出的下拉列表中
　　　选择"曲线"选项，设置曲线"输入"为"146"，"输出"为"195"，使图像变亮并
　　　去掉部分斑点，如图8-90所示。

（4）此时在"通道"面板生成"曲线1蒙版"通道，在"图层"面板生成"曲线1"图层，
　　　如图8-91所示。

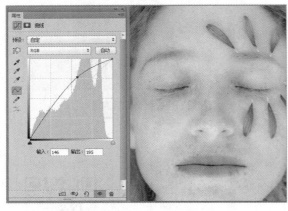

图8-90　创建曲线调整图层　　　　　图8-91　生成"曲线1蒙版"通道和"曲线1"图层

多学
一招

使用色阶调整通道

除了可以利用曲线调整通道来美白人物皮肤外，还可以用色阶调整通道来美
白人物皮肤。读者可以选择喜欢的方式调整通道，但是在调整时不能过度，否则会
增加杂色，并丢失一些图像细节。

（5）复制"蓝"通道，选择复制的"蓝 副本"通道进行高反差保留、计算通道操作，得到
　　　"Alpha 3"通道和"Alpha 4"通道。将"Alpha 4"通道作为选区载入，反选选区，
　　　新建调整曲线图层，调整曲线，将曲线输入值设置为"172"，输出值设置为"193"，
　　　使皮肤更细腻，增强祛斑效果，如图8-92所示。

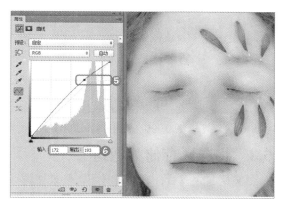

图8-92　处理"蓝"通道

（6）按"Ctrl+Shift+Alt+E"组合键盖印图层，选择"滤镜"/"杂色"/"减少杂色"菜单
　　　命令，如图8-93所示。

（7）打开"减少杂色"对话框，分别在"强度""保留细节""减少杂色""锐化细节"的
　　　文本框中输入"10""60""100""65"，在预览窗口中可以看到减少杂色的效果，
　　　斑点基本消失，单击　　确定　　按钮，如图8-94所示。

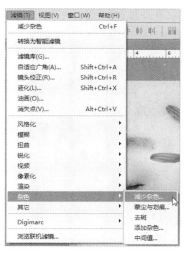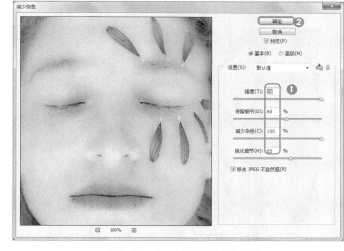

图8-93　选择"减少杂色"滤镜　　　　　图8-94　设置"减少杂色"参数

（8）隐藏曲线调整图层，选择盖印后的人像图层，单击下方的"添加蒙版"按钮 ▢ ，创建
　　　图层蒙版。选择图层蒙版，在工具箱中选择画笔工具 ✎ ，设置前景色为黑色，涂抹眉
　　　毛、眼睛、头发、鼻孔、耳朵等区域，恢复背景色彩，如图8-95所示。

（9）在工具箱中选择污点修复画笔工具 ✎ ，在工具属性栏中设置画笔大小，单击嘴唇及其
　　　他部分的黑点进行修复，效果如图8-96所示。

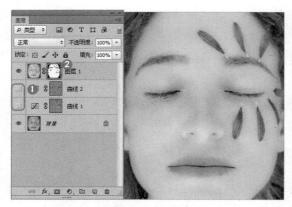

图8-95　新建并编辑图层蒙版　　　　　　　　　　图8-96　修复黑点

8.6.3　将选区存储为通道

图像抠取完成后，有时暂时不需要使用选区，而Photoshop CS6 不能直接存储选区，此时可以使用通道将选区先存储起来。下面为花瓣创建选区，然后将选区存储为通道，复制花瓣到眉心，具体操作如下。

（1）为花瓣创建选区，如图8-97所示。

（2）单击"通道"面板底部的"将选区存储为通道"按钮 ◙，创建"Alpha 5"通道，如图8-98所示。

（3）此时花瓣为选择状态，在工具箱中选择移动工具 ，按住"Ctrl+Alt"组合键不放，拖动花瓣选区到眉心位置，对选区内的图像进行复制，再按"Ctrl+T"组合键调整花瓣的倾斜角度，如图8-99所示。按"Enter"键完成变换，将图像文件保存为"美肤.psd"。

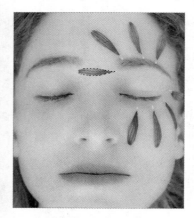

图8-97　创建选区　　　　图8-98　将选区存储为通道　　　　图8-99　复制与变换花瓣

8.7　项目实训

8.7.1　合成猫咪海报

1．实训目标

将猫咪和小孩进行合成，使用图层蒙版将小孩的脸部替换为猫咪脸部，制作猫咪海报。

猫咪海报合成前后的对比效果如图8-100所示。

素材所在位置 素材文件\第8章\项目实训\猫咪.jpg、小孩.jpg
效果所在位置 效果文件\第8章\项目实训\酷酷的猫咪.psd

图8-100　猫咪海报合成前后的对比效果

2. 相关知识

　　合成是Photoshop CS6的主要功能之一，在图像设计中，很多工作都需要使用合成功能，如合成海报图片、合成特效等。尤其是特效，仅靠拍摄是无法实现的，此时就需要使用合成功能，房屋倾倒、星际战场、世界末日等效果都要依靠合成功能来实现。

　　合成是一项需要综合运用Photoshop CS6多项功能的操作，同时还需设计师具有良好的创新能力。本实训主要是对猫咪图像和小孩图像进行简单的合成。

3. 操作思路

　　本实训主要包括为小孩创建图层蒙版、为猫咪创建图层蒙版、添加矩形和文字3个步骤，操作思路如图8-101所示。

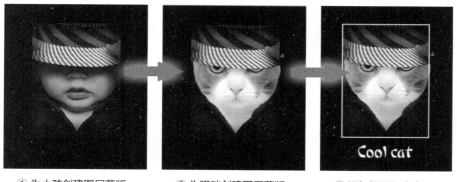

① 为小孩创建图层蒙版　　　② 为猫咪创建图层蒙版　　　③ 添加矩形和文字

图8-101　合成猫咪海报的操作思路

【步骤提示】

（1）新建黑色背景的图像文件，将"小孩.jpg"图像文件添加到该图像文件中，运用图层蒙版隐藏小孩图像不需要显示的部分，边缘设置为半透明状态。

（2）将"猫咪.jpg"图像文件添加到新建的图像文件中，运用图层蒙版隐藏猫咪图像不需要显示的部分，可利用"选择"/"调整边缘"菜单命令调整猫咪的边缘。

（3）添加矩形和文字修饰图像，将文字字体设置为"方正毡笔黑简体"。

8.7.2　制作公益灯箱广告

1．实训目标

本实训的目标是制作以"环保"为主题的公益灯箱广告，用于在户外街道、公交站和地铁站台进行传播，整体风格要求简洁、直观。本实训的前后对比效果如图8-102所示。

素材所在位置　图像文件\第8章\项目实训\公益素材.psd
效果所在位置　效果文件\第8章\项目实训\公益灯箱广告.psd

微课视频

制作公益灯箱广告

图8-102　制作公益灯箱广告前后对比效果

2．相关知识

灯箱广告常应用于道路、街道两旁，以及影院、剧院、展览、商业闹市区、车站、机场、公园等公共场所。灯箱广告主要通过自然光、辅助光，向户外群众传达信息，其视觉效果强烈，极利于现代社会的快节奏、高效率、来去匆忙的人们在远距离刻意关注。一般来说，灯箱广告的广告内容设计可以通过Photoshop来完成。本例制作公益灯箱广告主要使用图层蒙版、橡皮擦工具、图层混合模式和"曲线"命令等完成。

3．操作思路

完成本实训的主要步骤包括打开素材、创建蒙版、创建渐变填充、选择选区并擦除颜色，其操作思路如图8-103所示。

① 调整素材的大小和位置　　　② 添加蒙版和设置混合模式　　　③ 调整通道曲线

图8-103　制作公益灯箱广告的操作思路

【步骤提示】

（1）新建大小为30厘米×50厘米，分辨率为100像素/英寸，名为"公益灯箱广告"的图像文件。

（2）打开"公益素材"图像文件，将其中所有内容复制到新建的图像文件中，调整其大小和位置。

（3）为"石油"图层和"垃圾"图层分别添加图层蒙版，然后在蒙版中使用橡皮擦工具 将要隐藏的部分擦除，再为"石油"图层和"垃圾"图层设置图层混合模式分别为"变暗"和"滤色"。

（4）选择"背景"图层，按【Ctrl+M】组合键打开"曲线"对话框，在其中选择"蓝"通道曲线进行调整，使天空更蔚蓝、明亮，得到最终的图像效果。

8.8 课后练习

本章主要介绍了图层蒙版的使用方法、3D 工具的使用方法和通道的相关知识，如使用通道抠取复杂的图像，编辑和制作 3D 对象，使用分离通道、合并通道、计算通道功能调整图像颜色等。

练习1：制作菠萝屋

制作一张菠萝屋的图片，菠萝屋制作前后的对比效果如图8-104所示。

素材所在位置	素材文件\第8章\课后练习\菠萝屋\
效果所在位置	效果文件\第8章\课后练习\菠萝屋.psd

图8-104 菠萝屋制作前后的对比效果

【步骤提示】

（1）打开"摇篮.jpg""门窗.jpg""菠萝.jpg"图像文件，通过通道抠取出"菠萝.jpg"图像文件中的菠萝，将其置入"摇篮.jpg"图像文件中。

（2）将"门窗.jpg"图像文件中的图像置入"摇篮.jpg"图像文件中，通过蒙版隐藏不需要的部分，对图像进行变换操作，使效果更为美观。

练习2：人物通道抠图

利用通道抠取人物，其中包括较为复杂的抠取头发丝操作，抠取前后的对比效果如图8-105所示。

素材所在位置　素材文件\第8章\课后练习\人物抠图.jpg
效果所在位置　效果文件\第8章\课后练习\人物抠图.psd

微课视频

人物通道抠图

图8-105　抠图前后的对比效果

【步骤提示】
（1）打开"人物抠图.jpg"图像文件，打开"通道"面板，观察"蓝""红""绿"通道，寻找人物与背景反差最大的通道，此处复制"红"通道。
（2）调整"红 副本"通道的色阶值，使头发更黑、背景更白，让人物与背景的对比更加鲜明。
（3）设置前景色为黑色，使用画笔工具 涂抹人物，涂抹时可配合选区进行操作，使人物呈黑色显示。
（4）按"Ctrl+I"组合键反向显示"红 副本"通道，此时人物为白色，背景为黑色。
（5）按住"Ctrl"键不放，单击"红 副本"通道缩略图，将"红 副本"通道作为选区载入。返回"图层"面板，选择背景图层。
（6）按"Ctrl+J"组合键将作为选区载入的通道复制到新图层上。
（7）保存图像文件为"人物抠图.psd"，完成本练习的制作。

8.9　技巧提升

1. 使用"应用图像"菜单命令合成通道

为了得到更加丰富的图像效果，可使用Photoshop CS6中的"应用图像"菜单命令合成两个通道图像。具体操作方法为：打开两张需要合成的图像，切换到任意一个图像窗口，选择"图像"/"应用图像"菜单命令，在打开的"应用图像"对话框中设置"源""混合"等选项，单击 确定 按钮，完成后即可看到通道合成的效果。

另外，在"应用图像"对话框中，"源"默认选择的是当前图像文件，也可以选择其他图像文件与当前图像文件混合，但选择的图像文件必须打开，并且是与当前文件具有相同尺寸和分辨率的图像文件。

2. 通过透明区域创建图层蒙版

通过透明区域创建蒙版可以使图像产生半透明的效果，具体操作如下。
（1）打开图像文件，在"背景"图层上双击，将其转换为普通图层。选择"图层"/"图层蒙版"/"从透明区域"菜单命令，创建图层蒙版。
（2）设置前景色为黑色，在工具箱中选择渐变工具 ，在工具属性栏中设置填充样式为

"前景色到透明渐变"，渐变样式为"线性渐变"。将鼠标指针移动到图像窗口中，拖动鼠标指针在蒙版中绘制，使图像右侧产生透明渐变效果。

（3）打开需要添加的图像文件，将其中的图像拖动到当前图像文件中，将"图层1"图层置于"图层0"图层的下方，适当调整其位置和大小，查看完成后的效果。

3. 链接与取消链接图层蒙版

创建图层蒙版后，图层与蒙版缩览图之间会出现链接图标🔗。单击该图标或选择"图层"/"图层蒙版"/"取消链接"菜单命令，可取消图层与蒙版的链接状态；再次单击缩览图之间隐藏的链接图标🔗或选择"图层"/"图层蒙版"/"链接"菜单命令，可再次链接图层与蒙版。取消链接后，可以单独对图层和蒙版进行编辑，二者之间不会相互影响。

4. 设置剪贴蒙版的不透明度和混合模式

设置剪贴蒙版的不透明度和混合模式也可以使图像的效果发生改变，只要在"图层"面板中选择剪贴蒙版，在"不透明度"文本框中输入需要的不透明度，或在"模式"下拉列表框中选择需要的混合模式选项即可。

5. 添加或移除剪贴蒙版组

剪贴蒙版能够同时控制多个图层的显示范围，但其前提条件是这些图层必须上下相邻，成为一个剪贴蒙版组。在剪贴蒙版组中，最下层的图层叫作"基底图层"（即剪贴蒙版），由下画线标识。位于基底图层上方的图层叫作"内容图层"，其图层缩览图前带有🔽图标，表示指向基底图层。在剪贴蒙版组中，基底图层表示的区域就是蒙版中的透明区域，因此，只要移动基底图层，就可以实现不同的显示效果。

要将其他图层添加到剪贴蒙版组中，只需要将图层拖动到基底图层上即可。若要将图层移出剪贴蒙版组，只需将图层拖动到剪贴蒙版组以外即可。若在剪贴蒙版组的中间图层上单击鼠标右键，在弹出的快捷菜单中选择"释放剪贴蒙版"命令，则可释放所有的剪贴蒙版。

6. 删除蒙版

如果不需要使用蒙版，可将其删除，下面分别介绍各种蒙版的删除方法。

- 删除图层蒙版。在"图层"面板中的图层蒙版缩览图上单击鼠标右键，在弹出的快捷菜单中选择"删除图层蒙版"命令，或选择"图层"/"图层蒙版"/"删除"菜单命令。

- 删除剪贴蒙版。在"图层"面板中选择需要删除的剪贴蒙版，直接按"Delete"键。

- 删除矢量蒙版。在"图层"面板的矢量蒙版缩览图上单击鼠标右键，在弹出的快捷菜单中选择"删除矢量蒙版"命令，或选择"图层"/"矢量蒙版"/"删除"菜单命令。

7. 载入通道选区

载入通道选区是通道应用中较广泛的操作之一，常用于较复杂的图像处理。在"通道"面板中选择一个通道，单击其底部的"将通道作为选区载入"按钮🔘，即可载入通道选区。

8. 快速合成两幅图像的颜色

"应用图像"菜单命令还可以合成两个不同图像文件中的通道，以得到更丰富的图像效果。其方法是：打开需要合成颜色的两幅图像，选择"图像"/"应用图像"菜单命令，打开"应用图像"对话框，设置源、图层、通道、混合、不透明度等后确认操作。

第9章
路径和形状的应用

情景导入

老洪告诉米拉，在Photoshop CS6中，路径也是处理图像时常用的工具之一，且功能非常强大，让米拉加强这方面的学习。

学习目标

● 掌握利用路径精确抠取商品图像的方法。 　　包括认识"路径"面板、使用钢笔工具绘制路径、选择与编辑路径锚错点、路径和选区的转换等。	● 掌握制作蕾丝字的方法。 　　包括绘制形状和路径、描边和填充路径、操作路径等。

案例展示

▲利用路径精确抠取商品图像

▲制作蕾丝字

9.1 课堂案例：利用路径精确抠取商品图像

老洪为米拉提供了一张空气净化器的图像，让其制作一张网店商品主图。米拉没有这方面的经验，于是查看了各类资料，翻阅了许多主图设计案例，决定利用模板快速制作空气净化器的主图。米拉主要使用钢笔工具 来根据空气净化器绘制路径，将路径转换为选区，然后将空气净化器抠取到模板中。空气净化器图像处理前后的对比效果如图9-1所示，下面具体讲解制作方法。

素材所在位置 素材文件\第9章\课堂案例\空气净化器.jpg、主图模板.jpg
效果所在位置 效果文件\第9章\空气净化器主图.psd

扫一扫

空气净化器主图高清彩图

图9-1 空气净化器图像处理前后的对比效果

9.1.1 认识"路径"面板

"路径"面板默认与"图层"面板在同一面板组中，主要用于存储和编辑路径。因此，在制作本案例前，应先熟悉"路径"面板的组成。选择"窗口"/"路径"菜单命令，打开"路径"面板，在图像中绘制路径后，可在该面板中查看路径，如图9-2所示。

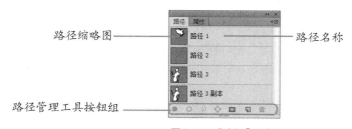

路径缩略图 —— 路径名称
路径管理工具按钮组

图9-2 "路径"面板

9.1.2 使用钢笔工具绘制路径

钢笔工具 是Photoshop CS6中常用的路径绘制工具，主要用于绘制矢量图形和选取对象。下面讲解使用钢笔工具 绘制路径的方法，具体操作如下。

微课视频

使用钢笔工具绘制路径

（1）打开"空气净化器.jpg"图像文件，在工具箱中选择钢笔工具 ，在工具属性栏中设置绘图模式为"路径"，将鼠标指针移动到空气净化器的边缘角点上，鼠标指针呈 状态，如图9-3所示。

（2）单击创建锚点起点，将鼠标指针移动到空气净化器边缘的下一个角点继续单击，直至回到锚点起点，形成闭合路径，完成空气净化器路径的绘制，如图9-4所示。

（3）打开"路径"面板，可看到已经创建的工作路径，如图9-5所示。

图9-3　选择路径起点　　　　图9-4　绘制闭合路径　　　　图9-5　查看工作路径

多学一招　　　　　　　　　　　　　　**新建路径**

　　默认创建的路径为"工作路径"。在"路径"面板单击"创建新路径"按钮，可新建名为"路径1"的路径，继续单击该按钮，可新建名为"路径2"的路径，以此类推。

9.1.3　选择与编辑路径和锚点

　　使用钢笔工具绘制路径时，有时不能一次绘制准确，需要在绘制完成后，通过编辑路径和锚点达到理想的效果，但在编辑路径和锚点前需要先选择路径和锚点。下面介绍选择路径和锚点、编辑路径和锚点的方法。

1．选择路径和锚点

　　在工具箱中选择路径选择工具，将鼠标指针移动到需要选择的路径上并单击，即可选择整个子路径，并选择子路径上的所有锚点。若要单独选择路径上的部分锚点，则可选择工具箱中的直接选择工具，单击路径来选择路径并显示锚点，然后单击需要编辑的锚点，被选择锚点为黑色实心点，未被选择的锚点为空心点，如图9-6所示。

图9-6　选择路径和锚点

2．编辑锚点

　　放大空气净化器，发现绘制的空气净化器路径并未与空气净化器边缘完全重合，此时需要通过添加锚点、删除锚点、移动锚点等操作，使路径更加完美，具体操作如下。

微课视频

编辑锚点

（1）选择路径后，在工具箱中选择添加锚点工具，将鼠标指针移动到路径上，鼠标指针变为形状，在路径角点两侧的路径上分别单击添加两个锚点，如图9-7所示。

（2）在工具箱中选择删除锚点工具，将鼠标指针移动到四角的锚点上，当鼠标指针变为形状时，单击删除锚点，如图9-8所示。

（3）此时可观察到路径直角变为圆角，选择工具箱中的直接选择工具 ，将鼠标指针移动到锚点上，单击并拖曳鼠标指针将锚点移动到空气净化器边缘上，拖动出现的控制柄，调整控制柄的长度和角度，控制路径曲线的弧度，使路径贴合空气净化器的边缘，如图9-9所示。

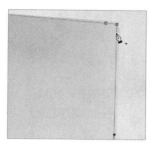

图9-7　添加锚点　　　　　　　图9-8　删除锚点

（4）使用相同的方法完善路径，效果如图9-10所示。

图9-9　移动锚点并调整锚点控制柄　　　图9-10　完善编辑后的路径

多学一招　转换锚点类型

使用转换点工具可以将路径锚点的类型转换为平滑点或角点，可使该锚点两侧的路径在平滑曲线和直线之间转换。在使用直接选择工具 时，按"Ctrl+Alt"组合键可切换为转换点工具 ，单击并拖动锚点，可将其转换为平滑点，再次单击平滑点，则可将其转换为角点。调整锚点的控制柄，可调整角点的角度和平滑点的弧度。此外，在使用钢笔工具 创建路径的过程中，若按住"Ctrl"键不放可快速切换为直接选择工具 ，进行锚点的添加、删除、移动等操作，释放"Ctrl"键可恢复为钢笔工具 。

3．保存路径

路径新建后，将以"工作路径"为名显示在"路径"面板中。若没有描边或填充路径，继续绘制其他路径时，原有的路径将丢失，因此需在绘制其他路径之前保存路径。下面保存绘制的空气净化器的路径，具体操作如下。

（1）选择工作路径，在"路径"面板右上角单击 按钮，在弹出的下拉列表中选择"存储路径"选项，如图9-11所示。

（2）打开"存储路径"对话框，输入路径的名称"路径1"，单击 确定 按钮，如

微课视频
保存路径

图9-12所示。

（3）查看保存的路径，如图9-13所示。

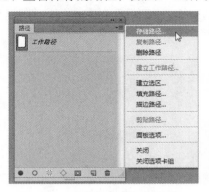

图9-11　选择"保存路径"选项　　　　图9-12　保存路径　　　　图9-13　查看保存的路径

4．移动路径和锚点

移动路径和锚点主要是为了调整路径和锚点的位置或路径的形状。选择路径、路径段或锚点后，按住鼠标左键不放并拖动，即可移动路径和锚点。

5．显示与隐藏路径

绘制完成的路径会显示在图像窗口中，即便使用其他工具进行操作时也是如此。这样有可能会影响后面的操作，用户可以根据情况隐藏路径。其方法为：按住"Shift"键，单击"路径"面板中的路径缩略图或按"Ctrl+H"组合键，将画面中的路径隐藏，再次单击路径缩略图或按"Ctrl+H"组合键可重新显示路径。

6．复制与删除路径

绘制路径后，若还需要绘制相同的路径，则可以将绘制的路径复制；若已不需要路径，则可将路径删除。在"路径"面板中将路径拖动至"创建新路径"按钮上，可复制路径。使用路径选择工具移动路径时，按住"Alt"键不放并拖动鼠标指针，也可以复制路径。在"路径"面板中选择要删除的路径，单击"路径"面板底部"删除当前路径"按钮，或将其拖动至"删除当前路径"按钮上可以直接删除路径。

7．变换路径

路径也可像选区和形状一样进行自由变换。选择路径，选择"编辑"/"自由变换路径"菜单命令或按"Ctrl+T"组合键，此时，路径周围会显示变换框，拖动变换框上的控制点即可变换路径。

9.1.4　路径和选区的互换

可以将创建的路径转换为选区，同样，创建的选区也以转换为路径。转换路径与选区的具体操作如下。

（1）切换到"路径"面板，选择"路径1"，在"路径"面板底部单击"将路径转换为选区"按钮，即可根据路径创建选区，如图9-14所示。

（2）打开"主图模板.jpg"图像文件，使用移动工具将空气净化器选区移动到"主图模板.jpg"图像文件中，按"Ctrl+T"组合键变换大小，按"Enter"键完成变换，效果如图9-15所示。

微课视频
路径和选区的互换

图9-14　将路径转换为选区

图9-15　更换背景

（3）切换到"图层"面板，双击空气净化器所在的图层，打开"图层样式"对话框，勾选
　　　 ☑投影 复选框，设置角度为"120度"、距离为"5像素"、扩展为"0%"、大小为"16
　　　 像素"，如图9-16所示，单击 确定 按钮。

（4）返回图像窗口查看投影效果，在"图层"面板底部单击"创建新的填充或调整图层"按
　　　 钮 ，在弹出的下拉列表中选择"色阶"选项，打开"色阶"属性面板，在滑块上方正
　　　 中央的文本框中输入"1.33"，提高空气净化器的亮度，如图9-17所示。

图9-16　设置"投影"参数　　　　　　　图9-17　设置"色阶"参数

> **多学一招**
>
> **将选区转换为路径**
>
> 　　在 Photoshop CS6 中，不仅可以将路径转换为选区，还可以将选区转换为路径。
> 将选区换换为路径通常是为了抠取复杂的图像。创建选区后，在"路径"面板中单
> 击"从选区生成工作路径"按钮 即可将选区转换为路径；也可在绘制路径后，
> 在路径绘制工具的工具属性栏中单击 选区... 按钮将路径转换为选区。

9.2　课堂案例：制作蕾丝字

　　米拉被某特效文字设计作品中漂亮的蕾丝字吸引。老洪告诉她，制作蕾丝字涉及多边
形、圆等形状的绘制，以及形状的合并等操作，还需要将文字创建为路径，用蕾丝来描边路
径。米拉听后，决定制作蕾丝字，主要使用绘制形状路径、描边和填充路径、操作路径等操

作，参考效果如图9-18所示，下面具体讲解制作方法。

素材所在位置　素材文件\第9章\课堂案例\蕾丝字背景.jpg
效果所在位置　效果文件\第9章\蕾丝字.psd

图9-18　蕾丝字参考效果

扫一扫

蕾丝字高清彩图

微课视频

绘制多边形

9.2.1　绘制形状和路径

　　除形状工具组中的工具可以直接绘制形状和路径外，Photoshop CS6还提供了矩形工具■、圆角矩形工具●、椭圆工具●、多边形工具⬡、直线工具╱等工具，不同工具可以得到不同的形状或路径效果。

1．绘制多边形

　　利用多边形工具⬡可以快速绘制平行多边形、星形、花朵等形状，下面利用多边形工具绘制12个花瓣样式的图形，具体操作如下。

（1）新建大小为500像素×800像素、分辨率为72像素/英寸、名称为"蕾丝字"的白色空白图像文件，在工具箱中选择多边形工具⬡，在工具属性栏中设置绘图模式为"形状"，设置填充颜色为黑色，取消描边，在图像中单击打开"创建多边形"对话框，在"宽度""高度"文本框中均输入"250 像素"，在"边数"文本框中输入"12"，勾选☑平滑拐角复选框、☑星形复选框、☑平滑缩进复选框，在"缩进边依据"文本框中输入"10%"，单击 确定 按钮，如图9-19所示。

（2）创建的多边形如图9-20所示。

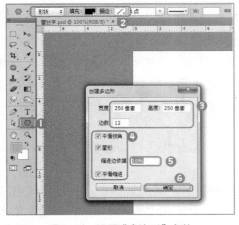

图9-19　设置"多边形"参数

图9-20　查看创建的多边形

设置多边形的形状

也可在多边形工具  的工具属性栏中单击"设置"按钮 ⚙，在打开的面板中设置边角参数，取消勾选 ☐平滑拐角 复选框和 ☐星形 复选框，可绘制平行多边形，图 9-21 所示为六边平行多边形。仅勾选 ☑平滑拐角 复选框，可绘制拐角平滑的多边形，边越多，越接近圆，图 9-22 所示为三边平滑拐角多边形。仅勾选 ☑星形 复选框，可设置缩进边依据，该值越小，绘制的星形角度越大，图 9-23 所示为八边、缩进边依据为"60%"的星形，若同时勾选 ☑平滑缩进 复选框，则星形的边将向内平滑缩进。

图9-21　六边平行多边形　　图9-22　三边平滑拐角多边形　　图9-23　八边星形

2．绘制椭圆路径

椭圆工具 ⬭ 可用于绘制圆或椭圆形状或路径，下面在多边形上绘制椭圆路径，具体操作如下。

（1）在工具箱中选择椭圆工具 ⬭，在工具属性栏中设置绘图模式为"路径"，在多边形中按住"Shift"键，拖动鼠标指针绘制圆路径，如图9-24所示。

（2）在工具箱中选择路径选择工具 ▶，将鼠标指针移动到需要选择的路径上并单击，选择整个圆路径，将其移至多边形的中间位置，如图9-25所示。

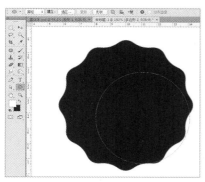

图9-24　绘制圆路径

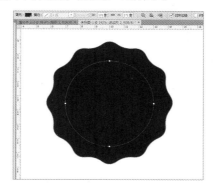

图9-25　选择圆路径

微课视频

绘制椭圆路径

路径与形状的区别

当工具的绘图模式为"形状"时，可设置填充、描边等参数；绘图模式为"路径"时，部分参数设置呈灰色显示，如无法设置填充和描边等。绘制的形状是可见的，会生成形状图层。绘制的路径若没有进行描边、填充等操作，则取消选择路径后，路径在图像中将不可见。

3．绘制矩形与圆角矩形

矩形工具■可以绘制矩形形状和矩形路径，圆角矩形工具■可以绘制圆角矩形形状和圆角矩形路径。绘制矩形的方法为：在工具箱中选择矩形工具■，在工具属性栏中设置绘图模式、填充、描边等参数，在图像窗口中拖动鼠标指针即可绘制矩形，如图9-26所示，在绘制过程中按住"Shift"键可绘制正方形。绘制圆角矩形的方法与绘制矩形的方法相似，不同的是，其工具属性栏中多出了一个"半径"文本框，半径越大，圆角弧度越大，图9-27所示为绘制圆角矩形的效果。

图9-26　绘制矩形　　　　　　　　　　　图9-27　绘制圆角矩形

4．绘制直线

直线工具／可用于创建直线和直线路径。在工具箱中选择直线工具／，在工具属性栏中设置绘图模式、填充、描边、粗细等参数，在图像窗口中拖动鼠标指针即可绘制直线，如图9-28所示。绘制较粗的直线时，可添加描边效果，如图9-29所示。

图9-28　无描边的直线　　　　　　　　　图9-29　描边后的直线

9.2.2　填充与描边路径

绘制形状后，可以为形状设置纯色填充、渐变填充、图案填充，也可以设置形状描边线条的样式、粗细、颜色等。若要得到更加丰富的描边和填充效果，可先绘制形状和路径，然后使用画笔工具来填充或描边路径。

1．填充路径

填充路径是指用指定的颜色或图案填充路径包围的区域。填充路径前需要先新建一个图层，选择路径和新建的图层后，打开"路径"面板，单击■按钮，在弹出的下拉列表中选择"填充路径"选项，打开"填充路径"对话框，在"使用"下拉列表框中选择"图案"选项，在"自定图案"下拉列表框中选择填充的图案，单击 确定 按钮，如图9-30所示。

图9-30　使用图案填充路径

多学
一招

将路径转换为选区进行填充

　　在绘制好路径后，按"Ctrl+Enter"组合键可以将路径转换为选区。设置前景色，新建或选择需要填充路径的图层，按"Alt+Delete"组合键即可填充颜色。也可以选择"编辑"/"填充"菜单命令，在打开的"填充"对话框中选择其他填充方式。

2．描边路径

　　描边路径是指用指定的颜色、图案或不同粗细的线条来修饰路径。下面在设置画笔样式后，使用画笔来描边路径，制作圆形环绕圆路径的效果，具体操作如下。

微课视频

描边路径

（1）在工具箱中选择画笔工具，在"画笔"面板中设置画笔笔尖形状为"尖角 30"，设置画笔大小为"20像素"，硬度为"100%"，间距为"171%"，如图9-31所示。

（2）将前景色设置为白色（R:255,G:255,B:255），新建图层并选择新建的图层，在"路径"面板中选择创建的工作路径，在其上单击鼠标右键，在弹出的快捷菜单中选择"描边路径"命令，如图9-32所示。

（3）打开"描边路径"对话框，在"工具"下拉列表框中选择"画笔"选项，单击 确定 按钮，如图9-33所示。

图9-31　设置画笔样式　　　　图9-32　描边路径　　　　图9-33　使用画笔描边路径

（4）使用画笔描边路径的效果如图9-34所示。

多学
一招

其他描边路径的方式

　　设置画笔样式后，选择"工作路径"路径，在面板底部单击"用画笔描边路径"按钮，即可为路径描边。此外，利用"描边"对话框可以使用硬线条为路径描边，并且可以设置描边的颜色、描边的粗细、描边位置、图层混合模式等。使用"描边"对话框描边路径前需要按"Ctrl+Enter"组合键将路径转换为选区，然后选择"编辑"/"描边"菜单命令，打开"描边"对话框，设置描边宽度、颜色等参数，单击 确定 按钮完成描边操作。

（5）在"路径"面板中选择创建的工作路径，在其上单击鼠标右键，在弹出的快捷菜单中选择"删除路径"命令，将工作路径删除，如图9-35所示。

（6）在多边形中绘制圆路径，将路径移动到中间位置，如图9-36所示。

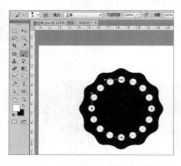
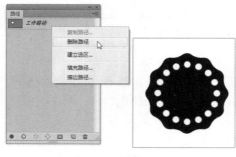

图9-34　使用画笔描边路径的效果　　　　图9-35　删除路径　　　　图9-36　绘制圆路径

（7）在工具箱中选择画笔工具，在"画笔"面板中设置画笔笔尖形状为"尖角 30"，设置画笔大小为"7像素"、硬度为"100%"、间距为"171%"、将前景色设置为白色（R:255,G:255,B:255），新建图层并选择新建的图层，在"路径"面板底部单击"用画笔描边路径"按钮，为路径描边，效果如图9-37所示。

（8）在"图层"面板中按住"Ctrl"键选择多边形形状图层和两个路径描边图层，按"Ctrl+E"组合键将选择的图层合并到一个图层中，并命名为"图层1"。选择该图层，选择"编辑"/"定义画笔预设"菜单命令，打开"画笔名称"对话框，在"名称"文本框中输入"蕾丝花纹"，单击 确定 按钮，如图9-38所示。

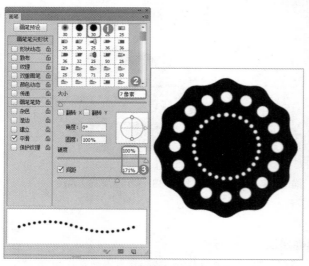

图9-37　使用画笔描边路径　　　　　　　　图9-38　定义画笔预设

9.2.3　操作路径

　　在形状工具的工具属性栏中单击"路径操作"按钮，可以在打开的下拉列表中设置操作路径的方式，默认为"新建图层"方式，即绘制多个形状时，各形状将分别单独保存到新建的形状图层上。此外，用户可以通过"路径操作"功能实现多个形状的合并、减去底部形状、相交、排除重叠区域等运算，快速得到需要的形状效果。

1. 合并形状组件

绘制形状后，在形状工具的工具属性栏中单击"路径操作"按钮
，在打开的下拉列表中选择"合并形状组件"选项，可以把多个路径合并成一个路径。下面将创建的多个文字路径合并为一个路径，具体操作如下。

微课视频

合并形状组件

（1）打开"蕾丝字背景.jpg"图像文件，为背景创建选区，将选区移动到"蕾丝字.psd"图像文件中，得到"图层2"图层，在工具箱中选择横排文字工具 [T]，输入"nice"，在工具属性栏中设置字体为"Segoe Script"、字号为"220点"、文本颜色为白色（R:255,G:255,B:255），如图9-39所示。

（2）在"图层"面板的文字图层上单击鼠标右键，在弹出的快捷菜单中选择"创建工作路径"命令，如图9-40所示。

图9-39　输入文字

图9-40　创建工作路径

（3）选择工具箱中的直接选择工具 [▶]，在工具属性栏中单击"路径操作"按钮 [□]，在打开的下拉列表中选择"合并形状组件"选项，如图9-41所示。此时所有文字的路径合并为一个路径，如图9-42所示。

图9-41　合并形状组件

图9-42　合并路径后的效果

（4）新建"图层3"图层，隐藏文字图层，仅显示文字路径，如图9-43所示。

（5）在工具箱中选择画笔工具 [✎]，在"画笔"面板中设置画笔笔尖形状为预设的画笔样式"244蕾丝花纹"，设置画笔大小为"25像素"、间距为"60%"，如图9-44所示。

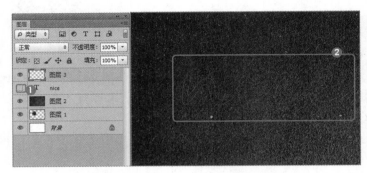

图9-43　隐藏文字图层并显示文字路径　　　　　　　　　图9-44　设置画笔样式

（6）将前景色设置为白色（R:255,G:255,B:255），在"路径"面板底部单击"用画笔描边路径"按钮 ◎，查看蕾丝花纹描边文字路径的效果，如图9-45所示。

（7）按"Ctrl+Enter"组合键将文字路径转换为文字选区，如图9-46所示。

图9-45　查看蕾丝花纹描边路径效果　　　　　　　　　图9-46　将路径转换为选区

（8）选择蕾丝花纹字图层，按"Delete"键删除文字选区的蕾丝花纹，按"Ctrl+D"组合键取消选区，如图9-47所示。

（9）在工具箱中选择画笔工具 ✎，在"画笔"面板中设置画笔笔尖形状为"244蕾丝花纹"，设置画笔大小为"75像素"、间距为"75%"，新建"图层4"图层，设置前景色为白色（R:255,G:255,B:255），绘制多行蕾丝花纹，覆盖文字区域，如图9-48所示。

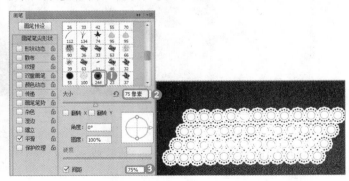

图9-47　删除文字选区的花纹　　　　　　　　　图9-48　绘制多行蕾丝花纹

绘制蕾丝花纹的技巧

多学
一招

在绘制蕾丝花纹时，可先绘制一行花纹，然后通过复制与移动的方法得到几
行花纹，最后将多行蕾丝花纹图层合并为一个图层。

（10）选择步骤（9）绘制的多行蕾丝花纹的图层，按住"Ctrl"键并单击文字图层缩略图，
在蕾丝花纹图层上载入文字选区，如图9-49所示。

（11）按"Ctrl+Shift+I"组合键反选选区，得到文字选区外的区域，按"Delete"键删除文
字选区外的蕾丝花纹，按"Ctrl+D"组合键取消选区，如图9-50所示。

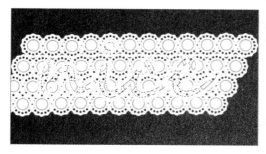

图9-49　载入文字选区　　　　　　　　　　图9-50　删除文字选区外的蕾丝花纹

（12）在"图层"面板双击"图层3"图层，打开"图层样式"对话框，勾选☑斜面和浮雕复选
框，设置大小为"1像素"，软化为"0像素"，在"阴影"栏设置"高光模式"为"滤
色"、不透明度为"50%"、阴影模式为"正片叠底"、不透明度为"50%"，如图9-51
所示。

（13）勾选☑等高线复选框，设置等高线为"环形-双"、范围为"50%"，如图9-52
所示。

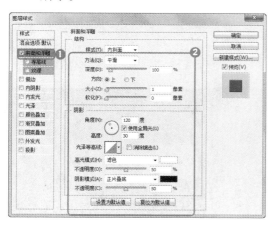

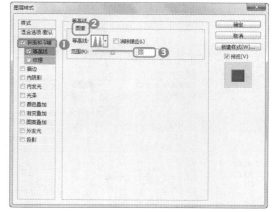

图9-51　"图层样式"对话框　　　　　　　　图9-52　设置等高线

（14）勾选☑纹理复选框，设置图案为"灰色花岗岩花纹纸"、缩放为"71%"，如图9-53
所示，单击确定按钮。

（15）在"图层"面板中按住"Alt"键，将"图层3"图层后的图层样式图标 *fx* 拖动到"图
层4"图层上，复制"图层3"图层的图层样式，如图9-54所示。

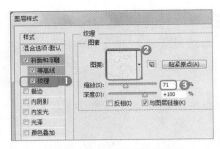

图9-53　设置纹理图层样式　　　　　　　　　图9-54　复制图层样式

（16）在"图层3"图层上单击鼠标右键，在弹出的快捷菜单中选择"转换为智能对象"命令，如图9-55所示。

（17）使用相同的方法将"图层4"图层转换为智能对象图层，设置智能对象图层的填充和不透明度均为"90%"，如图9-56所示。

图9-55　将"图层3"图层转换为智能对象　　图9-56　将"图层4"图层转换为智能对象图层

（18）在"图层"面板中双击"图层3"图层，打开"图层样式"对话框，勾选 ☑投影 复选框，设置不透明度为"41%"、角度为"129度"、距离为"7像素"、扩展为"0%"、大小为"10像素"，如图9-57所示，单击 确定 按钮。

（19）在"图层"面板中按住"Alt"键，将"图层3"图层后的图层样式图标 fx 拖动到"图层4"图层上，复制投影样式，效果如图9-58所示。

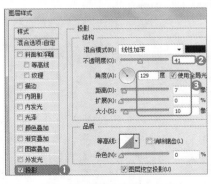

图9-57　设置"投影"参数　　　　　　　　　图9-58　复制投影样式

（20）在工具箱中选择横排文字工具 T ，在蕾丝字下方输入两排文字，在工具属性栏中设置文字颜色为白色（R:255,G:255,B:255），设置第一排文字的字体为"方正兰亭纤黑_GBK"、字号为"48点"、文字颜色为白色（R:255,G:255,B:255），设置第二排文字的字体为"Segoe Script"、字号为"36点"。在"图层"面板中按住"Alt"键，将"图层3"图层后的图层样式图标 fx 拖动到该步骤输入文字的图层上，复制投影样式，如图9-59所示。

（21）在工具箱中选择矩形工具 ▭，在工具属性栏中设置绘图模式为"形状"，取消填充，设置描边颜色为白色（R:255,G:255,B:255）、描边粗细为"5点"，拖动鼠标指针绘制矩形，将文字与蕾丝花纹框在矩形内，在"图层"面板设置该图层的不透明度为"25%"，效果如图9-60所示。

图9-59　输入文字并复制投影样式

图9-60　绘制矩形

2．合并形状

绘制形状后，在形状工具的工具属性栏中单击"路径操作"按钮 ▫，在打开的下拉列表中选择"合并形状"选项，之后绘制的形状存会在原来的形状图层上，即两个形状合并到同一图层，图9-61所示为在圆形上绘制多边形的合并效果。合并形状后，可以使用路径选择工具 ▸选择单个形状，然后进行移动、变换等操作。

3．减去顶层形状

绘制形状后，在形状工具的工具属性栏中单击"路径操作"按钮 ▫，在打开的下拉列表中选择"减去顶层形状"选项，之后绘制出的形状会在原来的形状图层上，两个形状合并到同一图层，但是将减去顶层形状，并且底部形状与顶层形状重叠的部分也将减去。图9-62所示为在圆形上绘制多边形的"减去顶层形状"效果。

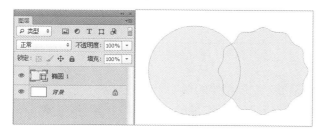

图9-61　合并形状

图9-62　减去顶层形状

4．与形状区域相交

绘制形状后，在形状工具的工具属性栏中单击"路径操作"按钮 ▫，在打开的下拉列表框中选择"与形状区域相交"选项，之后绘制的形状存会在原来的形状图层上，两个形状合并到同一图层，但是只显示两个形状重叠的部分。图9-63所示为在圆形上绘制多边形的"与形状区域相交"效果。

5．排除重叠形状

绘制形状后，在形状工具属性栏中单击"路径操作"按钮 ▫，在打开的下拉列表中选择"排除重叠形状"选项，之后绘制的形状存会在原来的形状图层上，两个形状合并到同一形状图层，但是只显示两个形状没有重叠的部分。图9-64所示为在圆形上绘制多边形的"排除重叠形状"效果。

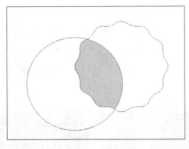

图9-63　与形状区域相交

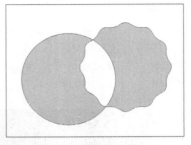

图9-64　排除重叠形状

多学一招　　　　　　　　　　**对齐路径**

将多个形状合并到一个形状图层上时，使用路径选择工具 框选多个形状路径，在形状工具的工具属性栏中单击"路径对齐方式"按钮 ，在打开的下拉列表中选择选项，可将多个路径按需要的方式对齐。

9.3　项目实训

9.3.1　公司标志设计

1.　实训目标

微课视频

公司标志设计

为一家公司绘制一个标志，要求标志的可识别性强。本实训的参考效果如图9-65所示，主要运用钢笔工具 、转换点工具 、形状工具，以及填充路径和添加文字等操作。

效果所在位置　效果文件\第9章\项目实训\公司标志.psd

2.　相关知识

标志是一种具有象征性的大众传播符号。它以精练的形象表达特定的含义，传达特定的信息。标志传达信息的功能很强，在一定条件下，甚至会超过文字。因此，它被广泛应用于社会的各个方面。现代标志设计也成为各设计院校的一门重要设计课程。

公司标志需要有较高的概括性和可识别性。总的来说，公司标志应该具备以下5个特点。

图9-65　公司标志的参考效果

● **可识别性**。它是公司标志设计的基本要求。独具个性的标志可以将本公司及其产品与竞争对手相区别。

● **领导性**。公司标志是公司视觉传达要素的核心，也是公司开展信息传达的主导力量，是公司经营理念和经营活动的集中表现，贯穿和应用于公司的各个活动中。

● **造型性**。公司标志的造型和形式丰富多样，如中外文字体、抽象符号和几何图形等。标志造型的优劣，不仅决定了标志传达的效力，还会影响消费者对公司品质的信心与公司形象的认同。

● **延展性**。公司标志是应用广泛、出现频率极高的视觉传达要素，经常出现在各种传播媒介上。标志造型要根据印刷方式、制作工艺、材料质地和应用项目的不同，进行有针对性的设计，以达到契合的效果。

● **系统性**。除了自身设计效果要好之外，公司标志还应与公司的其他基本设计要素组成一个系统，即保持统一的设计风格。

3. 操作思路

了解公司标志设计的相关知识后，便可开始设计制作公司标志。根据上面的实训目标，本实训的操作思路如图9-66所示。

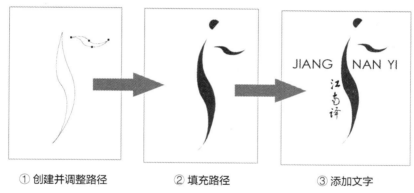

① 创建并调整路径　　② 填充路径　　③ 添加文字

图9-66　公司标志设计的操作思路

【步骤提示】

（1）新建一个空白图像文件，使用钢笔工具 � 绘制出路径并调整。

（2）绘制另一条路径，并对其进行适当调整。

（3）绘制一个椭圆形状，使用删除锚点工具 � 删除右下边的锚点。

（4）将路径转换为选区，填充暗红色。

（5）利用横排文字工具 T 和直排文字工具 IT ，在图像中创建文字图层，并设置字符格式，调整到合适位置。

9.3.2　使用路径抠取草莓

1. 实训目标

使用路径抠取草莓，要求抠取的边缘精确，本实训的参考效果如图9-67所示。

素材所在位置　素材文件\第9章\项目实训\草莓.jpg
效果所在位置　效果文件\第9章\项目实训\草莓.psd

微课视频

使用路径抠取草莓

图9-67　使用路径抠取草莓的参考效果

2．相关知识

路径抠图是路径重要的作用之一。路径抠图属于外形抠图，可用于抠取外形边缘清晰、边缘与背景色差小的图像，常用于商品抠图。

3．操作思路

使用路径抠取草莓需要使用钢笔工具 绘制路径，再将路径转换为选区，最后将选区复制到新图层上。本实训的操作思路如图9-68所示。

① 绘制路径　　　　② 转换为选区　　　　③ 复制选区

图9-68　使用路径抠取草莓的操作思路

【步骤提示】

（1）打开"草莓.jpg"图像文件，使用钢笔工具 绘制路径。

（2）按"Ctrl+Enter"组合键将路径转换为选区。

（3）按"Ctrl+J"组合键将选区复制到新建的图层中。

（4）隐藏背景图层，完成草莓的抠取。

9.4　课后练习

本章主要介绍了路径和形状的基本操作，包括使用钢笔工具 绘制路径、使用路径选择工具 选择路径、编辑路径、路径和选区的转换等知识。读者应多加练习本章的案例，为以后设计和绘图形打下良好的基础。

练习1：绘制俱乐部标志

为一家青少年俱乐部绘制标志，参考效果如图9-69所示。

 效果所在位置　效果文件\第9章\课后练习\俱乐部标志.psd

【步骤提示】

（1）新建一个名称为"俱乐部标志"的图像文件，设置宽度为"21厘米"、高度为"17厘米"、分辨率为"200像素/英寸"。

（2）使用椭圆工具 和钢笔工具 绘制标志和底纹图案，填充颜色，并设置图层样式。

（3）输入文字，设置文字字体与颜色，完成标志的制作。

图9-69　俱乐部标志

练习2：制作T恤图案

为T恤绘制个性化图案，效果如图9-70所示。

素材所在位置　素材文件\第9章\课后练习\T恤.jpg
效果所在位置　效果文件\第9章\课后练习\T恤.psd

【步骤提示】

（1）打开"T恤.psd"图像文件，使用文字工具输入英文字母，设置字符格式，将其转换为路径，并对字母进行变形处理。

（2）使用形状工具绘制形状。

（3）为字母和形状填充颜色。

图9-70　T恤图案效果

9.5　技巧提升

1．使用钢笔工具的技巧

使用钢笔工具 时，鼠标指针在路径与锚点上会显示为不同的形状。当鼠标指针变为 形状时，在路径上单击可添加锚点；当鼠标指针在锚点上变为 形状时，单击可删除锚点；当鼠标指针变为 形状时，单击并拖动鼠标指针可创建一个平滑点，只单击则会创建一个锚点；将鼠标指针移动至路径起点上，鼠标指针变为 形状，单击可闭合路径；若当前路径是一个开放式路径，则将鼠标指针移动至该路径的一个锚点上，鼠标指针变为 形状，在该锚点上单击可继续绘制该路径。

2．操作路径的技巧

在Photoshop CS6中可同时操作多个路径，方法为：同时选择每个路径所在的图层，按"Ctrl+E"组合键将多个路径合并到一个图层上，按住"Shift"键，使用路径选择工具 选择需要操作的多个路径，在工具属性栏中单击"路径操作"按钮 ，在弹出的下拉列表中选择路径操作方式。

第 10 章
滤镜的应用

10

情景导入

老洪对米拉的图像处理能力的要求越来越高，例如，近段时间，老洪让米拉制作一些图像的特效。米拉觉得这些工作不仅是挑战，也是锻炼。

学习目标

● 熟悉常用滤镜及其作用。 包括"模糊"滤镜组、"锐化"滤镜组、"扭曲"滤镜组、"风格化"滤镜组、"画笔描边"滤镜组、等。	● 掌握利用滤镜制作各种特效的方法。 包括制作古铜色皮肤、制作下雪效果、制作燃烧蝴蝶特效等。

案例展示

▲制作古铜色皮肤

▲制作下雪效果

▲制作燃烧蝴蝶特效

10.1 常用滤镜

在制作图像特效时，老洪告诉米拉："Photoshop CS6的滤镜功能非常强大，在处理很多图像时，如果能结合滤镜进行处理和美化，就可以制作出精美、绚丽的效果，不过在使用滤镜之前需要先熟悉常用的滤镜。"米拉决定先打开"滤镜"菜单熟悉一下。在熟悉滤镜的过程中，米拉发现有一些滤镜被放置在"滤镜"菜单中，一些滤镜被放置在滤镜库中，选择"滤镜"/"滤镜库"菜单命令可打开"滤镜库"对话框，下面介绍常用的滤镜。

10.1.1 "模糊"滤镜组

"模糊"滤镜组提供了14种滤镜，各滤镜的作用如下。

- **场景模糊**。"场景模糊"滤镜可以使图像不同区域呈现不同模糊程度的效果。
- **光圈模糊**。"光圈模糊"滤镜可以将一个或多个焦点添加到图像中，还可以对焦点的大小、形状，以及焦点区域外的模糊数量和清晰度等进行设置。
- **倾斜偏移**。"倾斜偏移"滤镜可用于模拟相机拍摄的移轴效果，效果类似于微缩模型。
- **表面模糊**。"表面模糊"滤镜在模糊图像时，可保留图像边缘，常用于创建特殊效果及去除杂点和颗粒。
- **动感模糊**。"动感模糊"滤镜可通过对图像中某一方向上的像素进行线性位移来产生运动的模糊效果。
- **方框模糊**。"方框模糊"滤镜以邻近像素颜色平均值的颜色为基准值模糊图像。
- **高斯模糊**。"高斯模糊"滤镜可根据高斯曲线对图像进行选择性模糊，以产生强烈的模糊效果，是比较常用的模糊滤镜。可通过"高斯模糊"对话框中的"半径"文本框调节图像的模糊程度，半径越大，模糊效果越明显。
- **径向模糊**。"径向模糊"滤镜可以使图像产生旋转或放射状模糊效果。
- **进一步模糊**。"进一步模糊"滤镜可以使图像的模糊效果得到进一步加强。
- **镜头模糊**。"镜头模糊"滤镜可使图像模拟摄像时镜头抖动产生的模糊效果。
- **模糊**。"模糊"滤镜通过对图像中边缘过于清晰的颜色进行模糊处理，以制作模糊效果。该滤镜无参数设置对话框。使用一次该滤镜，模糊效果会不太明显，可重复使用该滤镜，增强效果。
- **平均**。"平均"滤镜通过对图像中平均值的颜色进行柔化处理，从而产生模糊效果。
- **特殊模糊**。"特殊模糊"滤镜可以找出图像的边缘及模糊边缘以内的区域，从而产生一种边界清晰、中心模糊的效果。在"特殊模糊"对话框的"模式"下拉列表框中选择"仅限边缘"选项，模糊后的图像呈黑色显示效果。
- **形状模糊**。"形状模糊"滤镜以某一指定的形状作为模糊中心对图像进行模糊。在"形状模糊"对话框下方选择一种形状，在"半径"文本框中输入数值调整形状的大小，半径越大，模糊效果越强。

10.1.2 "锐化"滤镜组

"锐化"滤镜组提供了5种滤镜，各滤镜的作用如下。

- **USM锐化**。"USM锐化"滤镜可以在图像边缘的两侧分别制作一条明线或暗线来调整图像边缘细节的对比度，将图像边缘轮廓锐化。
- **进一步锐化**。"进一步锐化"滤镜可以增强像素之间的对比度，使图像变得清晰，但锐化效果比较微弱。该滤镜无参数设置对话框。

- **锐化。** "锐化"滤镜和"进一步锐化"滤镜相同，都是通过增强像素之间的对比度来增强图像的清晰度。该滤镜无参数设置对话框。
- **锐化边缘。** "锐化边缘"滤镜可以锐化图像的边缘，并保留图像整体的平滑度。该滤镜无参数设置对话框。
- **智能锐化。** "智能锐化"滤镜的功能很强大，可以设置锐化算法、控制阴影和高光区域的锐化量。

10.1.3 "扭曲"滤镜组

"扭曲"滤镜组提供了12种滤镜，各滤镜的作用如下。

- **玻璃。** "玻璃"滤镜通过设置扭曲度和平滑度使图像产生玻璃质感的效果。
- **海洋波纹。** "海洋波纹"滤镜可以使图像产生在海水中漂浮的效果。该滤镜各选项的含义与"玻璃"滤镜相似。
- **扩散亮光。** "扩散亮光"滤镜可以使图像的亮部区域产生光照效果。
- **波浪。** "波浪"滤镜通过设置波长使图像产生波浪涌动的效果。
- **波纹。** "波纹"滤镜可以使图像产生水波荡漾的效果，它与"波浪"滤镜相似。"波纹"对话框中的"数量"文本框用于设置波纹的数量，该值越大，产生的水波荡漾效果越强。
- **极坐标。** "极坐标"滤镜可以通过改变图像的坐标方式，使图像产生极端的变形。
- **挤压。** "挤压"滤镜可以使图像产生向内或向外挤压变形的效果，可在"挤压"对话框的"数量"文本框中输入数值来控制挤压效果。
- **切变。** "切变"滤镜可以使图像在竖直方向产生弯曲效果。在"切变"对话框左上侧方格框的垂直线上单击，可创建切变点，拖动切变点可实现图像的切变变形。
- **球面化。** "球面化"滤镜就是模拟将图像包在球上并通过伸展来适合球面，从而产生球面化的效果。
- **水波。** "水波"滤镜可使图像产生起伏状的波纹和旋转效果。
- **旋转扭曲。** "旋转扭曲"滤镜用于产生旋转扭曲效果，且旋转中心为物体的中心。在"旋转扭曲"对话框的"角度"文本框中输入的角度值为正值时将顺时针旋转扭曲，为负值时将逆时针旋转扭曲。
- **置换。** "置换"滤镜可以使图像产生位移效果，位移的方向不仅与参数的设置有关，还与位移图像文件有密切关系。使用该滤镜需要两个图像文件才能完成：一个是要编辑的图像文件；另一个是位移图像文件，位移图像文件充当位移模板，用于控制位移的方向。

10.1.4 "风格化"滤镜组

"风格化"滤镜组主要提供了9种滤镜，各滤镜的作用如下。

- **查找边缘。** "查找边缘"滤镜可以查找图像中主色块颜色变化的区域，并为查找到的边缘轮廓描边，使图像的轮廓看起来像用笔刷勾勒的轮廓一样。该滤镜无参数对话框。
- **等高线。** "等高线"滤镜可以沿图像亮部区域和暗部区域的边界，绘制出颜色比较浅的线条。
- **风。** "风"滤镜可以将图像的边缘按某个方向移动，实现类似风吹的效果。该滤镜应用于文字时，产生的效果比较明显。

- **浮雕效果**。"浮雕效果"滤镜可以将图像中颜色较亮的部分分离出来，再将周围的颜色调暗，生成浮雕效果。
- **扩散**。"扩散"滤镜可以使图像产生看起来像盖着磨砂玻璃一样的模糊效果。
- **拼贴**。"拼贴"滤镜可以根据"拼贴"对话框中设定的值将图像分成许多小贴块，使整幅图像像画在方块瓷砖上一样。
- **曝光过度**。"曝光过度"滤镜可以使图像的正片和负片混合产生类似于在摄影时增加光线强度而产生的曝光过度效果。该滤镜无参数设置对话框。
- **凸出**。"凸出"滤镜可以将图像分成数量不等，但大小相同，并有序叠放的立体方块，常用于制作图像的三维背景。
- **照亮边缘**。"照亮边缘"滤镜可将图像边缘轮廓照亮，其效果与"查找边缘"滤镜类似。

10.1.5 "画笔描边"滤镜组

"画笔描边"滤镜组用于模拟不同的画笔或油墨笔刷来勾画图像，从而产生绘画效果。该滤镜组提供了8种滤镜，各滤镜的作用如下。

- **成角的线条**。"成角的线条"滤镜可以使图像中的颜色按一定的方向流动，从而产生类似倾斜划痕的效果。
- **墨水轮廓**。"墨水轮廓"滤镜模拟使用纤细的线条在图像原细节上重绘图像，从而生成钢笔画风格的图像效果。
- **喷溅**。"喷溅"滤镜可以使图像产生类似笔墨喷溅的自然效果。
- **喷色描边**。"喷色描边"滤镜和"喷溅"滤镜比较相似，可以使图像产生斜纹飞溅的效果。
- **强化的边缘**。"强化的边缘"滤镜可以对图像的边缘进行强化处理。
- **深色线条**。"深色线条"滤镜将使用短而密的线条来绘制图像的深色区域，用长而白的线条来绘制图像的浅色区域。
- **烟灰墨**。"烟灰墨"滤镜模拟使用蘸满黑色油墨的湿画笔在宣纸上绘画的效果。
- **阴影线**。"阴影线"滤镜可以使图像表面生成交叉状倾斜划痕的效果，其中，"强度"文本框用来控制交叉倾斜划痕的强度。

10.1.6 "素描"滤镜组

"素描"滤镜组提供了14种滤镜，各滤镜的作用如下。

- **半调图案**。"半调图案"滤镜可以使用前景色和背景色将图像以网点效果显示。
- **便条纸**。"便条纸"滤镜可以将图像以当前前景色和背景色混合，产生凹凸不平的草纸画效果，其中，前景色作为凹陷部分，背景色作为凸出部分。
- **粉笔和炭笔**。"粉笔和炭笔"滤镜可以产生粉笔和炭笔涂抹的草图效果。在处理过程中，粉笔使用背景色处理图像中的亮部区域；炭笔使用前景色处理图像中的暗部区域。
- **铬黄渐变**。"铬黄渐变"滤镜可以模拟液态金属的效果。
- **基底凸现**。"基底凸现"滤镜主要用于模拟粗糙的浮雕效果。
- **绘图笔**。"绘图笔"滤镜可以使用前景色和背景色生成钢笔画素描效果，图像中没有轮廓，只有变化的笔触效果。
- **石膏效果**。"石膏效果"滤镜可以产生石膏浮雕效果，且图像以前景色和背景色填充。
- **水彩画纸**。"水彩画纸"滤镜能制作出类似在潮湿的纸上绘图并产生画面浸湿的效果。

- 撕边。"撕边"滤镜可以在图像的前景色和背景色的交界处生成粗糙及撕破的纸片形状效果。
- 炭笔。"炭笔"滤镜可以将图像以类似炭笔画的效果显示出来。前景色为笔触的颜色，背景色为纸张的颜色。
- 炭精笔。"炭精笔"滤镜可以在图像上模拟浓黑和纯白的炭精笔纹理效果。在图像的深色区域使用前景色，在浅色区域使用背景色。
- 图章。"图章"滤镜可以使图像产生类似印章的效果。
- 网状。"网状"滤镜将使用前景色和背景色填充图像，产生一种用网覆盖的效果。
- 影印。"影印"滤镜可以模拟影印效果，其中，前景色用来填充图像的亮部区域，背景色用来填充图像的暗部区域。

10.1.7 "纹理"滤镜组

"纹理"滤镜组可以在图像中模拟出纹理效果，该滤镜组提供了6种滤镜，各滤镜的作用如下。

- 龟裂缝。"龟裂缝"滤镜可以使图像产生龟裂纹理，从而生成浮雕状的立体效果。
- 颗粒。"颗粒"滤镜可以在图像中随机加入不规则的颗粒，以产生颗粒纹理效果。
- 马赛克拼贴。"马赛克拼贴"滤镜可以使图像产生马赛克网格效果，还可以调整网格的大小及缝隙的宽度和深度。
- 拼缀图。"拼缀图"滤镜可以将图像分割成数量不等的方块，用每个方块内的像素平均颜色作为该方块的颜色，以模拟建筑拼贴瓷砖的效果。
- 染色玻璃。"染色玻璃"滤镜可以在图像中产生不规则的玻璃网格，每一网格的颜色为该网格的平均颜色。
- 纹理化。"纹理化"滤镜可以为图像添加砖形、粗麻布、画布和砂岩等纹理效果，还可以调整纹理的大小和深度。

10.1.8 "艺术效果"滤镜组

"艺术效果"滤镜组可以模仿传统手绘图画风格，该滤镜组提供了15种滤镜，各滤镜的作用如下。

- 壁画。"壁画"滤镜可以使图像产生类似壁画的效果。
- 彩色铅笔。"彩色铅笔"滤镜可以将图像以彩色铅笔绘画的形式显示出来。
- 粗糙蜡笔。"粗糙蜡笔"滤镜可以使图像产生类似蜡笔在纹理背景上绘图的纹理浮雕效果。
- 底纹效果。"底纹效果"滤镜可以根据所选纹理类型使图像产生相应的纹理效果。
- 干画笔。"干画笔"滤镜可以使图像生成干燥的笔触效果，类似于绘画中的干画笔效果。
- 海报边缘。"海报边缘"滤镜可以查找出图像颜色差异较大的区域，并将其边缘填充成黑色，使图像产生海报的效果。
- 海绵。"海绵"滤镜可以使图像产生类似海绵浸湿的效果。
- 绘画涂抹。"绘画涂抹"滤镜可以使图像产生类似手指在湿画上涂抹的模糊效果。
- 胶片颗粒。"胶片颗粒"滤镜可以使图像产生类似胶片颗粒的效果。
- 木刻。"木刻"滤镜可以将图像制作成类似木刻画的效果。
- 霓虹灯光。"霓虹灯光"滤镜可以使图像的亮部区域产生类似霓虹灯的光照效果。

- 水彩。"水彩"滤镜可以将图像制作成类似水彩画的效果。
- 塑料包装。"塑料包装"滤镜可以使图像产生质感较强且具有立体感的塑料效果。
- 调色刀。"调色刀"滤镜可以将图像的色彩层次简化，使相近的颜色融合，产生类似粗笔画的绘图效果。
- 涂抹棒。"涂抹棒"滤镜用于使图像产生类似用粉笔或蜡笔在纸上涂抹的效果。

10.1.9 "像素化"滤镜组

"像素化"滤镜组提供了7种滤镜，各滤镜的作用如下。

- 彩块化。"彩块化"滤镜可以使图像中的纯色或相似颜色结合为彩色块。该滤镜没有参数设置对话框。
- 彩色半调。"彩色半调"滤镜可模拟在图像每个通道上应用半调网屏的效果。
- 点状化。"点状化"滤镜可以在图像中随机产生彩色斑点，点与点之间的空隙用背景色填充。"点状化"对话框中的"单元格大小"文本框用于设置点状网格的大小。
- 晶格化。"晶格化"滤镜可以使图像中相近的像素集中到一个像素的多角形网格中，从而使图像清晰。"晶格化"对话框中的"单元格大小"文本框用于设置多角形网格的大小。
- 马赛克。"马赛克"滤镜可以把图像中具有相似色彩的像素统一合成更大的方块，从而产生类似马赛克的效果。"马赛克"对话框中的"单元格大小"文本框用于设置马赛克的大小。
- 碎片。"碎片"滤镜可以将图像的像素复制4遍，然后使它们移动相同的位移并降低不透明度，从而形成一种不聚焦的"四重视"效果。
- 铜版雕刻。"铜版雕刻"滤镜可以在图像中随机分布各种不规则的线条和虫孔斑点，从而产生镂刻的版画效果。

10.1.10 "杂色"滤镜组

"杂色"滤镜组提供了5种滤镜，各滤镜的作用如下。

- 减少杂色。"减少杂色"滤镜用来消除图像中的杂色。
- 蒙尘与划痕。"蒙尘与划痕"滤镜通过将图像中有缺陷的像素融入周围的像素中，从而达到除尘和涂抹的效果。在"蒙尘与划痕"对话框中，可通过"半径"选项调整清除缺陷的范围，通过"阈值"选项确定要进行像素处理的阈值，阈值越大，去杂点效果越弱。
- 去斑。"去斑"滤镜可对图像进行轻微的模糊、柔化，从而达到掩饰图像中细小斑点、消除轻微折痕的效果，常用于修复图像中的斑点。
- 添加杂色。"添加杂色"滤镜可以向图像中随机混合杂点，即添加一些细小的颗粒状像素，常用于添加杂色纹理效果。它与"减少杂色"滤镜的作用相反。
- 中间值。"中间值"滤镜可以采用杂点和其周围像素的平均颜色来平滑图像中的区域。在"中间值"对话框中，"半径"文本框用于设置中间值效果的平滑距离。

10.1.11 "渲染"滤镜组

"渲染"滤镜组提供了5种滤镜，各滤镜的作用如下。

- 分层云彩。"分层云彩"滤镜产生的效果与源图像的颜色有关。它会在图像中添加一个分层云彩效果。该滤镜无参数设置对话框。
- 光照效果。"光照效果"滤镜的功能相当强大，可以设置光源、光色、物体的反射特性等，然后根据这些设定产生光照，模拟3D效果。

- **镜头光晕**。"镜头光晕"滤镜可以为图像添加不同类型的镜头来模拟镜头产生的眩光效果。
- **纤维**。"纤维"滤镜可根据当前设置的前景色和背景色，生成纤维效果。
- **云彩**。"云彩"滤镜可以在前景色和背景色之间随机地抽取像素并完全覆盖图像，从而产生类似云彩的效果。该滤镜无参数设置对话框。

10.1.12 "其他"滤镜组

"其他"滤镜组主要用来处理图像的某些细节部分，也可自定义特殊效果滤镜。该滤镜组提供了5种滤镜，各滤镜的作用如下。

- **高反差保留**。"高反差保留"滤镜可以删除图像中色调变化平缓的部分并保留色调变化最大的部分，使图像的阴影消失且亮点突出。在"高反差保留"对话框中，"半径"文本框用于设定该滤镜处理的像素范围，半径越大，保留的原图像像素越多。
- **自定**。"自定"滤镜可以创建自定义的滤镜效果，如创建锐化、模糊和浮雕等滤镜效果。"自定"对话框中有一个5像素×5像素像素的文本框矩阵，最中间的方格代表目标像素，其余的方格代表目标像素周围对应位置上的像素。在"缩放"文本框中输入一个值后，将用该值去除以计算中包含的像素的亮度总和，在"位移"文本框中输入的值则与缩放计算结果相加，最后单击 存储(S)... 按钮可将设置的滤镜存储到系统中，以便下次使用。
- **位移**。"位移"滤镜可根据在"位移"对话框中设定的值来偏移图像。偏移后留下的空白可以用当前的背景色、重复边缘像素和折回边缘像素填充。
- **最大值**。"最大值"滤镜可以将图像中的亮部区域扩大，将暗部区域缩小，产生较明亮的图像效果。
- **最小值**。"最小值"滤镜可以将图像中的暗部区域缩小，将暗部区域扩大，产生较阴暗的图像效果。

10.2 课堂案例：制作古铜色皮肤

熟悉滤镜后，老洪告诉米拉可以选择一些滤镜进行组合，制作图像特效。米拉决定先尝试制作古铜色皮肤练练手。米拉思考了一下，决定使用"渲染"滤镜组、"艺术效果"滤镜组来实现这个效果。制作古铜色皮肤前后的对比效果如图10-1所示，下面具体讲解制作方法。

素材所在位置　图像文件\第10章\课堂案例\古铜色.jpg
效果所在位置　效果文件\第10章\课堂案例\古铜色.psd

古铜色皮肤高清彩图

图10-1　制作古铜色皮肤前后的对比效果

10.2.1 使用"渲染"滤镜组添加光照效果

下面使用"渲染"滤镜组，通过设置光照的模式、强度、曝光度等属性，为图像添加光照效果，其具体操作如下。

（1）打开"古铜色.jpg"图像文件，按"Ctrl+J"组合键复制背景图层，选择复制得到的图层，如图10-2所示。

（2）选择"滤镜"/"渲染"/"光照效果"菜单命令，打开"光照效果"属性面板，此时图像上将出现一个光照圈，拖动鼠标指针放大光照圈，将光照范围扩大，设置光照模式为"点光"、颜色为棕色（R:154,G:119,B:28）、强度为"33"、着色默认为白色（R:255,G:255,B:255）、曝光度为"67"、光泽为"24"、金属质感为"100"，在属性面板右上角单击 确定 按钮，如图10-3所示。

图10-2　复制图层

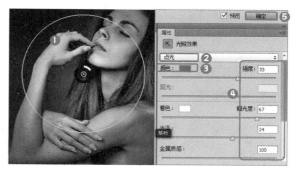

图10-3　设置关照效果属性

10.2.2 使用"艺术效果"滤镜组添加高光

下面使用"艺术效果"滤镜组中的"塑料包装"滤镜为图像添加塑料高光的光泽效果，然后调整色阶得到高光选区，最后羽化选区并调整图像得到皮肤的光泽效果，具体操作如下。

（1）选择"图层1"图层，按"Ctrl+J"组合键复制两次"图层1"图层，得到"图层1 副本"图层、"图层1 副本2"图层，如图10-4所示。

（2）选择"图层1 副本2"图层，选择"滤镜"/"滤镜库"菜单命令，打开"滤镜库"对话框，在"艺术效果"滤镜组中选择"塑料包装"滤镜，在右侧设置高光强度为"12"、细节为"1"、平滑度为"15"，在左侧查看滤镜效果，单击 确定 按钮，如图10-5所示。

（3）返回图像窗口，按"Ctrl+Shift+U"组合键去色，按"Ctrl+L"组合键打开"色阶"对话框，设置3个滑块的值分别为"119""0.56""146"，单击 确定 按钮，如图10-6所示。

（4）选择"选择"/"色彩范围"菜单命令，打开"色彩范围"对话框，在"选择"下拉列表框中选择"高光"选项，单击 确定 按钮，如图10-7所示。

（5）选择高光选区，按"Shift+F6"组合键打开"羽化选区"对话框，设置羽化半径为"4像素"，单击 确定 按钮。

（6）隐藏"图层1 副本2"图层，选择"图层1 副本"图层，在"图层"面板底部单击"创建新的填充或调整图层"按钮，在弹出的下拉列表中选择"曲线"选项，打开"曲线"属性面板，调整曲线，如图10-8所示。

图10-4　复制图层

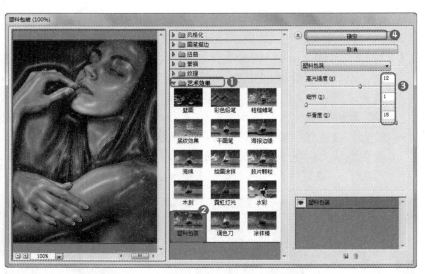

图10-5　设置"塑料包装"滤镜参数

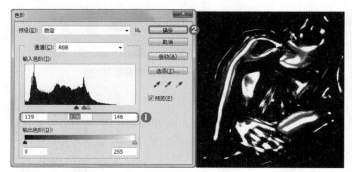

图10-6　设置"色阶"参数

图10-7　创建高光选区

（7）选择"图层1 副本"图层，在"图层"面板底部单击"创建新的填充或调整图层"按钮
　　 ，在弹出的下拉列表中选择"自然饱和度"选项，打开"自然饱和度"属性面板，
　　 将自然饱和度设置为"–35"，如图10-9所示。将图像文件保存为"古铜色.psd"，完成
　　 本案例的制作。

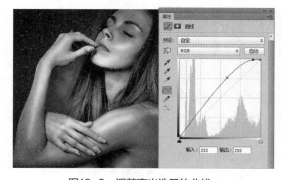

图10-8　调整高光选区的曲线

图10-9　设置自然饱和度

10.3 课堂案例：制作下雪效果

为了练习滤镜的使用，米拉尝试制作多个不同的图像特效，刚巧老洪要为某杂志的图片制作下雪效果，使其更加唯美，便将这个任务交给了米拉。米拉思考了一下，决定使用"添加杂色""进一步模糊""动感模糊""晶格化"滤镜，以及调整色阶、添加照片滤镜等功能来实现这个效果。制作下雪效果前后的对比效果如图10-10所示，下面具体讲解制作方法。

扫一扫

下雪效果高清彩图

 素材所在位置 素材文件\第10章\课堂案例\奔驰的火车.jpg
效果所在位置 效果文件\第10章\课堂案例\下雪效果.psd

图10-10 制作下雪效果前后的效果

微课视频

制作下雪效果

（1）打开"奔驰的火车.jpg"图像文件，新建图层，将前景色设置为黑色，按"Alt+Delete"组合键为新建的图层填充黑色，如图10-11所示。

（2）选择黑色图层，选择"滤镜"/"杂色"/"添加杂色"菜单命令，打开"添加杂色"对话框，设置数量为"150"，单击选中 ◉高斯分布(G) 单选项和勾选 ☑单色(M) 复选框，单击 确定 按钮，如图10-12所示。

图10-11 新建并填充图层

图10-12 设置"添加杂色"滤镜参数

（3）选择"滤镜"/"模糊"/"进一步模糊"菜单命令，按"Ctrl+L"组合键打开"色阶"对话框，设置3个滑块的值分别为"162""1.00""204"，单击 确定 按钮，如图10-13所示。

 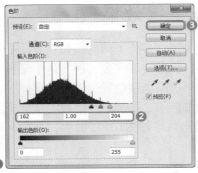 

图10-13　进一步模糊并设置色阶

（4）在"图层"面板中将雪花所在图层的图层混合模式设为"滤色"，选择"滤镜"/"模糊"/"动感模糊"菜单命令，设置角度为"-65度"、距离为"3像素"，单击 确定 按钮，如图10-14所示。

图10-14　设置图层混合模式和"动感模糊"滤镜参数

（5）按"Ctrl+J"组合键复制雪花所在的图层，选择"编辑"/"变换"/"旋转180度"菜单命令，选择"滤镜"/"像素化"/"晶格化"菜单命令，打开"晶格化"对话框，设置单元格大小为"4"，单击 确定 按钮，如图10-15所示。

（6）选择"滤镜"/"模糊"/"动感模糊"菜单命令，设置角度为"-65度"、距离为"6像素"，单击 确定 按钮，如图10-16所示。

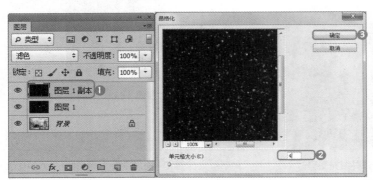 

图10-15　设置"晶格化"滤镜参数　　　　图10-16　设置"动感模糊"滤镜参数

（7）选择"Ctrl+Shift+Alt+E"组合键盖印图层，选择"图像"/"调整"/"照片滤镜"菜单命令，打开"照片滤镜"对话框，在"滤镜"下拉列表框中选择"冷却滤镜（80）"选项，设置浓度为"25%"，单击 ［确定］ 按钮，如图10-17所示。

（8）查看完成后的效果，如图10-18所示，保存图像文件为"下雪效果.psd"，完成本案例的制作。

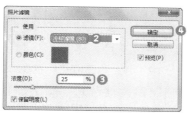

图10-17　盖印图层并添加照片滤镜

图10-18　查看下雪效果

10.4　课堂案例：制作燃烧蝴蝶特效

火焰特效具有极强的视觉冲击力，常用于烘托亢奋、激进等氛围，正好老洪要为某杂志制作一张篮球海报，为体现运动的激情，老洪让米拉制作火焰特效。米拉思考了一下，决定使用"风格化"滤镜组，以及反相、去色、调整色彩平衡和添加火焰素材等操作来实现这个效果。制作燃烧蝴蝶特效前后的对比效果如图10-19所示，下面具体讲解制作方法。

扫 一 扫

燃烧蝴蝶高清彩图

素材所在位置　素材文件\第10章\课堂案例\燃烧蝴蝶\
效果所在位置　效果文件\第10章\课堂案例\燃烧蝴蝶.psd

图10-19　制作燃烧蝴蝶特效前后的对比效果

（1）打开"蝴蝶.jpg"图像文件，在工具箱中选择钢笔工具，在工具属性栏中设置绘图模式为"路径"，在蝴蝶边缘单击，沿着蝴蝶轮廓绘制钢笔路径，按"Ctrl+Enter"组合键将路径转换为选区，如图10-20所示。

（2）按"Ctrl+J"组合键将选区复制到新建的图层上，隐藏背景，查看抠取的蝴蝶，如图10-21所示。

微课视频

制作燃烧蝴蝶特效

图10-20　为蝴蝶创建选区　　　　　图10-21　抠取蝴蝶

（3）选择"图层1"图层，按"Ctrl+J"组合键得到"图层1副本"图层，选择"滤镜"/"风格化"/"查找边缘"菜单命令，查看应用"查找边缘"滤镜后的效果，如图10-22所示。

（4）按"Ctrl+I"组合键反相显示图像，如图10-23所示。

图10-22　应用滤镜　　　　　　　　图10-23　反相显示图像

（5）按"Ctrl+Shift+U"组合键去色，如图10-24所示。

（6）选择"图像"/"调整"/"色彩平衡"菜单命令，打开"色彩平衡"对话框，单击选中 ⊙ 中间调(D) 单选项，在"色阶"文本框中分别输入"70""0""-61"，调整图像的中间调，单击 确定 按钮，如图10-25所示。

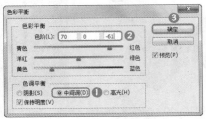

图10-24　去色　　　　　　　　　　图10-25　调整图像的中间调

（7）选择"图像"/"调整"/"色彩平衡"菜单命令，打开"色彩平衡"对话框，单击选中 ⊙ 阴影(S) 单选项，在"色阶"文本框中分别输入"40""20""-59"，调整图像的阴影，单击 确定 按钮，如图10-26所示。

（8）选择"图像"/"调整"/"色彩平衡"菜单命令，打开"色彩平衡"对话框，单击选中 ⊙ 高光(H) 单选项，在"色阶"文本框中分别输入"12""0""-100"，调整图像的高光，单击 确定 按钮，如图10-27所示。

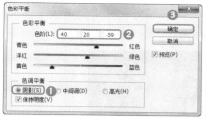
图10-26　调整图像的阴影

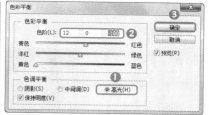
图10-27　调整图像的高光

（9）选择"图像"/"调整"/"曲线"菜单命令，打开"曲线"对话框，调整曲线，单击 确定 按钮，如图10-28所示。

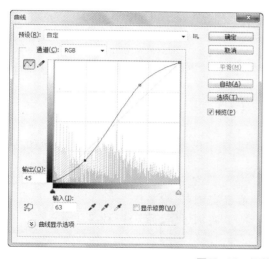

图10-28　调整曲线

（10）选择"图层1 副本 "图层，单击"图层"面板下方的"添加图层蒙版"按钮，创建图层蒙版。选择图层蒙版，将前景色设置为黑色。选择画笔工具，在工具属性栏中设置画笔笔刷样式为"干画笔尖浅描（66）"、不透明度为"55%"，涂抹需要隐藏的火焰部分，效果如图10-29所示。

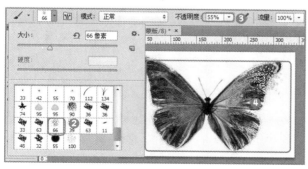

图10-29　隐藏部分火焰

（11）打开"火焰.jpg"图像文件，将"图层1 "图层和"图层1 副本 "图层拖动到火焰中，复制火焰所在的背景图层，将其移动到所有图层上方，设置图层混合模式为"柔光"，如图10-30所示，保存图像文件为"燃烧蝴蝶.psd"，完成本案例的操作。

图10-30　添加火焰

10.5　项目实训

10.5.1　制作化妆品广告

1．实训目标

为一家化妆品公司设计商品推广广告，要求突出化妆品公司鲜明的文化个性和品位。化妆品广告的参考效果如图10-31所示。

素材所在位置　素材文件\第10章\项目实训\化妆品广告\
效果所在位置　效果文件\第10章\项目实训\化妆品广告.psd

2．相关知识

化妆品的消费群体十分广泛，通常为了使消费者了解商品，达到更好的推广效果，需要为化妆品设计不同的广告。根据使用环境的不同，化妆品广告可以分为电子版和实体版，

前者一般用于在网上商店进行展示，后者多为招贴海报，多见于地铁、公交站牌、商场等场所。好的广告除了能传递信息，还应体现出商品的品质和价值。化妆品广告一般需要具有鲜明的个性，可以第一时间吸引消费者的注意。

3．操作思路

完成本实训的主要操作步骤包括打开丝带素材、编辑丝带的效果、合成广告效果，操作思路如图10-32所示。

图10-31　化妆品广告效果

【步骤提示】

（1）打开"丝带.jpg"图像文件，为丝带创建选区，将选区复制到新图层上，应用"素描"滤镜组中的"铬黄渐变"滤镜，调整图层混合模式为"线性光"。

（2）将背景中的丝带复制到新图层上，应用"风格化"滤镜组中的"照亮边缘"滤镜，编辑丝带的效果，调整图层混合模式为"滤色"。

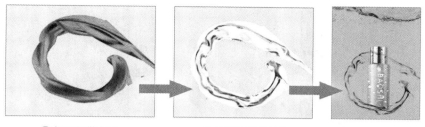

① 打开丝带素材　　　　　② 编辑丝带的效果　　　　③ 合成广告效果

图10-32　制作化妆品广告的操作思路

（3）此时丝带变为水纹，隐藏背景，按"Ctrl+Alt+Shift+E"组合键盖印图层，将水纹拖动
到"化妆品背景.psd"图像文件中并调整其大小及位置，使用橡皮擦擦除水纹多余的部
分，设置图层混合模式为"正片叠底"。添加其他水纹素材，并设置图层混合模式为
"正片叠底"，完成本实训的操作。

10.5.2　制作水墨荷花

1. 实训目标

将一张荷花照片处理成水墨荷花效果，要求画面雅致悠远，具有古典意境。本实训的参
考效果如图10-33所示。

图10-33　水墨荷花参考效果

微课视频

制作水墨荷花

素材所在位置　素材文件\第10章\项目实训\水墨荷花\
效果所在位置　效果文件\第10章\项目实训\水墨荷花.psd

2. 专业背景

水墨画是我国传统的绘画形式，也是国画的代表。在平面设计中，具有传统特色的商品
或事物可使用水墨画形式设计。水墨画设计在某些时候更容易体现事物的文化底蕴，展现低
调、深远的品质。本实训运用的水墨画风格在商品广告设计、影楼风格设计、明信片制作等
场合的使用频率比较高。

3. 操作思路

完成本实训，需要进行打开素材、使用滤镜编辑图像效果和添加文本与边框等操作，其
操作思路如图10-34所示。

① 打开素材　　② 使用滤镜编辑图像效果　　③ 添加文本与边框

图10-34　制作水墨荷花的操作思路

【步骤提示】

（1）打开"荷花.jpg"图像文件，使用"其他"滤镜组得到荷花图的线描手稿图，使用"画笔描边"滤镜组编辑渲染效果，使用"纹理"滤镜组编辑宣纸效果。

（2）将"水墨画文本.psd"素材拖入水墨荷花图像中并编辑。

10.6　课后练习

本章主要介绍了滤镜的相关应用。读者需要熟练掌握各种滤镜，这样才能实现各种效果。

练习1：制作水边倒影效果

为一张水岸照片制作倒影效果，制作水边倒影效果前后的对比效果如图10-35所示。

素材所在位置　素材文件\第10章\课后练习\水岸.jpg
效果所在位置　效果文件\第10章\课后练习\水岸.psd

微课视频

制作水边倒影效果

图10-35　制作水边倒影效果前后的对比效果

【步骤提示】

（1）打开"水岸.jpg"图像文件，复制背景图层，垂直旋转图像并删除图像背景。

（2）分别使用"水波"滤镜和"波纹"滤镜制作水中倒影。

（3）降低图层的不透明度，使倒影更逼真。

练习2：制作海豚剪影效果

将一张图像制作成海豚剪影效果，制作前后的对比效果如图10-36所示。

素材所在位置 素材文件\第10章\课后练习\风景.jpg、海豚剪影.jpg
效果所在位置 效果文件\第10章\课后练习\海豚剪影.jpg

【步骤提示】

（1）打开"风景.jpg"图像文件，为其应用"扭曲"滤镜组中的"极坐标"滤镜，设置方式为"平面坐标到极坐标"。

（2）复制图层并垂直翻转图层，使用橡皮擦工具 擦除边界线，合并图层，裁剪图像四角，并变换图像形状为正方形。

（3）打开"海豚剪影.jpg"图像文件，添加海豚剪影到风景图像中，调整海豚剪影的其大小和位置。

（4）合并所有图层，添加"渲染"滤镜组中的"光照效果"滤镜，设置光照模式为"聚光灯"，将光照圈覆盖整张图像，设置光照颜色为蓝色（R:122,G:168,B:253），调整强度、聚光和曝光度，单击 确定 按钮。

（5）保存文件，完成本练习的制作。

微课视频

制作海豚剪影效果

图10-36　制作海豚剪影效果前后的对比效果

10.7 技巧提升

1. 使用"自适应广角"滤镜

"自适应广角"滤镜能调整图像的范围，使图像得到类似使用不同镜头拍摄的视觉效果。例如，Photoshop CS6中的"自适应广角"滤镜能调整图像的透视、完整球面和鱼眼等。

2. 使用"镜头校正"滤镜

"镜头校正"滤镜主要用于修复因拍摄不当或相机自身问题而出现的图像扭曲等问题。在Photoshop CS6中选择"滤镜"/"镜头校正"菜单命令，打开"镜头校正"对话框，在"自动校正"选项卡中进行校正设置或切换到"自定"选项卡自定义校正设置。其中，"几何扭曲"复选框用于校正镜头的失真，"晕影"复选框用于校正镜头缺陷造成的图像边缘较暗的现象，"变换"复选框用于校正图像在水平或垂直方向上的偏移，"色差"复选框用于矫正镜头缺陷造成的偏色。

3. 使用"油画"滤镜

"油画"滤镜可以将普通的图像效果转换为手绘油画效果，其使用方法为：选择"滤镜"/"油画"菜单命令，打开"油画"对话框，设置"画笔"和"光照"参数。

4. 使用智能滤镜

智能滤镜能够调整画面中的滤镜效果，如对参数的设置、滤镜的移除或隐藏等，方便用户反复操作滤镜，以达到协调的效果。在使用智能滤镜前，需要将普通图层转换为智能对象图层。选择"滤镜"/"转换为智能滤镜"菜单命令，或在图层上单击鼠标右键，在弹出的快捷菜单中选择"转换为智能对象"命令，即可将图层转换为智能对象图层。此后，用户使用过的任何滤镜都会存放在该智能滤镜中。此时在"图层"面板的"智能滤镜"图层下方的滤镜效果上单击鼠标右键，在弹出的快捷菜单中选择"编辑智能滤镜混合选项"命令，在打开的"混合选项"对话框中可编辑滤镜效果。

5. 使用"消失点"滤镜

使用"消失点"滤镜可以在选择的图像区域内进行克隆、喷绘、粘贴图像等操作，使对象根据选择区域内的透视关系自动调整，以适配透视关系。使用"消失点"滤镜的方法为：为需要制作透视效果的图像创建选区，按"Ctrl+C"组合键复制选区内容，选择"滤镜"/"消失点"菜单命令，打开"消失点"对话框，单击"创建平面工具"按钮 🔲，在图像上定义透视框，按"Ctrl+V"组合键粘贴，按"Ctrl+T"组合键对透视区域的大小、角度等进行调整，将需要制作透视效果的图像区域移动到透视框上，单击 确定 按钮。图10-37所示为使用"消失点"滤镜将照片贴到悬挂的卡片上的效果。

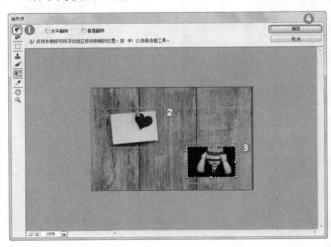

图10-37　"消失点"滤镜的应用

6. 使用"液化"滤镜

使用"液化"滤镜可以对图像的任何部分进行各种各样液化效果的变形处理，如收缩、膨胀、旋转等，非常适合对人像进行瘦身、丰胸等处理。其方法为：选择"滤镜"/"液化"菜单命令，打开"液化"对话框，选择向前变形工具 🔧 可对人像进行瘦脸、瘦腿、瘦手臂等操作；选择膨胀工具 🔘 可以对人像进行丰胸操作；选择褶皱工具 🔧，在人物腹部处单击使其向内收缩，可达到细腰效果。

第 11 章
使用动作与输出图像

11

情景导入

老洪让米拉给公司的一些素材图像添加水印，结果发现米拉竟然是一张一张地添加，于是他告诉米拉可使用Photoshop CS6的动作和批处理快速完成。

学习目标

- 掌握录制、保存及载入动作的方法。
  包括应用与录制动作、存储与载入动作组、批处理图像等。
- 熟悉印刷图像设计与印前流程的相关知识。
  包括设计作品的前期准备、设计提案、设计定稿、颜色校准、分色和打样等。

- 熟悉图像打印与输出的相关知识。
  包括将图像的颜色模式转换为CMYK颜色模式、设置打印选项、预览并打印图层。

案例展示

▲录制动作处理商品图片

▲录制"暖色调"动作组

11.1　课堂案例：录制动作处理商品图片

　　米拉听了老洪的提醒，发现使用动作和批处理来处理图像能大大提高工作效率。她试着录制了一个处理儿童服图片的动作，以进行批处理操作的练习。在本案例中，儿童服图片处理前后的对比效果如图11-1所示，下面具体讲解其制作方法。

素材所在位置　素材文件\第11章\课堂案例\儿童服\
效果所在位置　效果文件\第11章\课堂案例\儿童服\

图11-1　儿童服处理前后的对比效果

扫一扫

儿童服高清彩图

11.1.1　应用与录制动作

　　虽然Photoshop CS6的"动作"面板中预置了命令、图像效果和图像处理等若干动作和动作组，但很多时候这些动作并不与实际操作匹配，此时可录制新的动作来满足图像处理需求。本案例将录制一个"儿童服处理"动作，该动作中包含了调整商品图曲线、处理商品图尺寸和添加水印等操作，具体操作如下。

微课视频

应用与录制动作

（1）打开"IMG_0287.jpg"图像文件，选择"窗口"/"动作"菜单命令，打开"动作"面板，单击底部的"创建新组"按钮，在打开的"新建组"对话框中输入名称"商品处理"，单击 确定 按钮新建动作组，如图11-2所示。

（2）在"动作"面板底部单击"创建新动作"按钮，在打开的"新建动作"对话框中设置"名称"为"儿童服处理"，"组"为"商品处理"，"功能"键为"F3"，单击 记录 按钮，如图11-3所示。

图11-2　新建动作组　　　　　　　图11-3　新建动作

多学一招　**应用动作**
　　Photoshop CS6 的"动作"面板中有默认的内置动作，将内置动作中包含的图像处理操作应用于图像的方法为：打开图像文件和"动作"面板，在其中选择需要应用的动作，单击"动作"面板下方的"播放选定的动作"按钮，Photoshop CS6 将执行该动作，完成后保存图像文件。

快速显示或隐藏"动作"面板

系统默认"动作"面板位于工作界面的右侧，按"Alt+F9"组合键可快速显示或隐藏"动作"面板。

（3）选择"图像"/"调整"/"曲线"菜单命令，打开"曲线"对话框，在调整框中单击并拖动控制点来调整图像的色调，单击 确定 按钮，如图11-4所示。

（4）选择"图像"/"图像大小"菜单命令，打开"图像大小"对话框，勾选 ☑约束比例(C) 复选框，在"宽度"文本框中输入"950"，单击 确定 按钮，如图11-5所示。

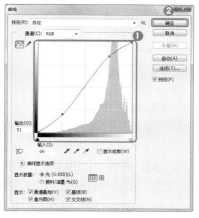

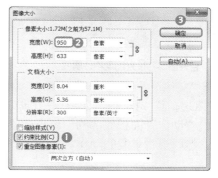

图11-4　"曲线"对话框　　　　　　　　　图11-5　更改图像大小

（5）在工具箱中选择自定形状工具，在工具属性栏中取消填充，设置描边颜色为蓝色（R:0,G:255,B:255），设置描边粗细为"2点"，在"形状"下拉列表框中选择形状，在图像左下角绘制形状，在工具属性栏中设置"W"为"80 像素"，"H"为"86 像素"，按"Enter"键确认，如图11-6所示。

（6）在工具箱中选择横排文字工具，在工具属性栏中设置字体为"方正少儿简体"，字号为"15点"，文本颜色为蓝色（R:0,G:255,B:255），在形状旁边输入"兔兔宝贝"，如图11-7所示。

图11-6　绘制形状　　　　　　　　　　　图11-7　输入文字

（7）按"Shift"键后选择形状与文字所在的图层，按"Ctrl+E"组合键合并图层，在"图层"面板中设置图层的不透明度为"50%"，如图11-8所示。

（8）打开"图层样式"对话框，勾选☑描边复选框，在"大小"文本框中输入"4"，单击颜色块，设置描边颜色为白色（R:255,G:255,B:255），单击　确定　按钮，如图11-9所示。

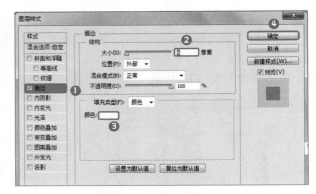

图11-8　合并图层并设置图层不透明度　　　　图11-9　设置"描边"参数

（9）选择"文件"/"存储"菜单命令，将格式设置为"JPG"，单击　确定　按钮，打开"JPEG选项"对话框，如图11-10所示。

（10）单击"动作"面板底部的"停止播放/记录"按钮■，完成动作的录制，如图11-11所示，然后查看录制的动作。

图11-10　保存文件　　　　　　　　　图11-11　完成动作的录制

多学一招　　　删除动作

　　若录制的动作错误可将其删除，方法为：单击面板底部的"停止播放/记录"按钮■，停止记录，然后选择动作，单击"动作"面板底部的"删除"按钮🗑，即可删除该动作。若需要继续记录，可选择最后一步动作，然后单击"动作"面板底部的"开始记录"按钮●。

11.1.2　存储与载入动作组

　　"动作"面板中的动作过多可能会造成Photoshop CS6运行速度缓慢，为避免这种情况，可定期将创建的动作保存为文件，将其从"动作"面板中删除，需要时再载入保存的动作文件。下面将前面录制的"商品处理"动作组保存到计算机中，具体操作如下。

（1）在"动作"面板中查看录制的动作，选择"商品处理"动作组，

微课视频
存储与载入动作组

单击右上角的■按钮，在弹出的下拉列表中选择"存储动作"选项，如图11-12所示。

（2）打开"存储"对话框，在其中选择存放动作文件的文件夹，输入要存储的动作名称，单击 保存(S) 按钮，如图11-13所示。

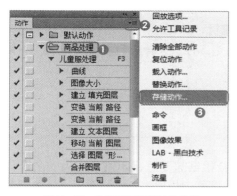

图11-12 选择需要存储的动作组　　　　图11-13 设置存储路径与存储的动作名称

载入外部动作

若用户需要使用保存在计算机中的画框、纹理、图像和文字等动作，可将其载入"动作"面板中。方法为：在"动作"面板中选择要存储的动作组，单击右上角的■按钮，在弹出的下拉列表中选择"载入动作"选项，在打开的对话框中选择载入动作保存的位置和动作文件（以 .atn 为扩展名），单击 载入(L) 按钮。

11.1.3 批处理图像

在"动作"面板中一次只能对一个图像应用动作。如果想对一批图像同时应用某个动作，可通过"批处理"菜单命令来完成。下面使用"批处理"菜单命令处理"儿童服"文件夹下的所有图像文件，具体操作如下。

微课视频

批处理图像

（1）将需要批处理的所有图像文件移动到一个文件夹中，本案例为"儿童服"文件夹，选择"文件"/"自动"/"批处理"菜单命令，打开"批处理"对话框。

（2）在"组"下拉列表框中选择"商品处理"选项，在"动作"下拉列表框中选择"儿童服处理"选项，在"源"下拉列表框中选择"文件夹"选项，单击 选择(C)... 按钮，在打开的"浏览文件夹"对话框中将图像文件中的"儿童服"文件夹作为当前要处理的文件夹，单击 确定 按钮。

（3）在"目标"下拉列表框中选择"文件夹"选项，单击 选择(C)... 按钮，在打开的"浏览文件夹"对话框中选择效果文件中的"儿童服"文件夹，将处理后的图像文件保存到该文件夹中，单击 确定 按钮，返回"批处理"对话框，单击 确定 按钮，如图11-14

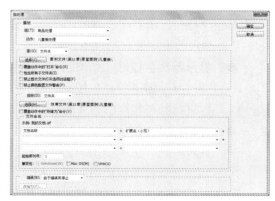

图11-14 设置"批处理"参数

所示。

（4）完成上述步骤后，Photoshop CS6会对图像文件进行处理并存储，完成后可打开"儿童服"文件夹查看效果。

多学
一招　　　　　　　　　　　**备份素材**

　　应用动作后，素材文件效果将发生改变，为了保持素材不丢失，在应用动作前应对素材文件进行备份。

11.2　印刷图像设计与印前流程

　　老洪告诉米拉，很多设计作品在设计完成后会根据需要进行印刷，作为一名设计师，还应该了解印刷图像设计与印前流程。老洪给米拉找了一些相关资料，希望米拉能够学以致用，提高自己的设计水平。下面具体讲解印刷图像设计和印前流程的相关知识。

11.2.1　设计作品的前期准备

　　在设计作品之前，首先需要对市场和产品进行调研，对获得的资料进行分析，寻找出设计的方向，并探索各种可能性和效果，去伪存真，保留有价值的部分。

11.2.2　设计提案

　　在大量搜集资料的基础上，对初步形成的各种方案进行讨论，从而获得新的思路。在这个阶段，设计人员可以适当参阅、比较各类构思，以使设计思维更加活跃。

　　经过以上阶段之后，方案将会逐步明朗化，此时可以制作设计草稿了。

11.2.3　设计定稿

　　从数张设计草稿中选择一张作为最后方案，设计制作正式稿。面对不同的广告内容，可以选择使用不同的软件来制作。现在运用较为广泛的是 Photoshop，它能制作出各种特殊图像效果。

11.2.4　颜色校准

　　如果显示器显示的颜色有偏差，或者打印机在打印图像时颜色有偏差，则会导致打印后图像的颜色与在显示器中看到的颜色不一致。因此，图像的颜色校准是印前流程中不可或缺的一步。颜色校准主要包括以下 3 项内容。

● **显示器颜色校准。**如果同一个图像的颜色在不同显示器上的显示效果不一致，就需要对显示器进行颜色校准。有些显示器自带颜色校准软件，使用此类软件可对显示器进行颜色校准。如果没有，可以手动调节显示器显示的颜色进行校准。

● **打印机颜色校准。**在显示器上看到的颜色和用打印机打印到纸张上的颜色一般不会完全一致，这主要是因为计算机产生颜色的方式和打印机在纸上产生颜色的方式不同。要让打印机输出的颜色和显示器显示的颜色更接近，设置好打印机的颜色管理参数和调整彩色打印机的偏色规律是重要的途径。

● **图像颜色校准**。图像颜色校准是指设计人员在制作图像文件过程中或制作完成后，对图像的颜色进行校准。在制作图像文件时，进行某些操作后，图像的颜色有可能发生变化，这时就需要检查图像的颜色和当时设置的颜色是否相同，如果不同，则可以通过"拾色器"对话框进行调整。

11.2.5 分色和打样

图像在印刷之前必须进行分色和打样，这是印前流程中的重要步骤，下面分别进行讲解。

● **分色**。分色是指将原稿上的各种颜色转换为CMYK颜色模式的颜色，即分解为C（青色）、M（品红色）、Y（黄色）和K（黑色）4种原色。

● **打样**。印刷厂在印刷作品之前，需要将印刷的作品交给出片中心。出片中心将图像文件进行分色后开始打样，从而检验制版阶调与色调能否取得良好再现，并将复制再现的误差及应达到的数据标准提供给制版部门，作为修正或再次制版的依据。打样校正无误后，即将图像文件交付印刷中心进行制版和印刷。

11.3 图像的打印与输出

熟悉印刷图像设计与印前流程后，老洪让米拉对一个图像文件进行打印输出。米拉打开之前设计的广告图像文件，进行了打印设置，并将图像文件打印出来交给老洪，老洪看后非常满意。下面具体讲解图像打印输出的相关知识。

素材所在位置　素材文件\第11章\课堂案例\资讯广告.psd

11.3.1 转换为CMYK颜色模式

CMYK颜色模式是印刷的默认模式，为了能够预览印刷效果，减少计算机中图像与印刷图像的色差，可先将图像的颜色模式转换为CMYK颜色模式。下面将需要印刷的图像的颜色模式转换为CMYK颜色模式，具体操作如下。

（1）打开"资讯广告.psd"图像文件，选择"图像"/"模式"/"CMYK颜色"菜单命令。

（2）在打开的对话框中单击 拼合(F) 按钮，保留图层设置的效果，如图11-15所示。

微课视频

转换为 CMYK 颜色模式

图11-15　转换为CMYK颜色模式

（3）转换为CMYK颜色模式后，可发现图层被拼合为一个背景图层，图像的色彩没有RGB颜色模式图像的色彩亮丽。

11.3.2　设置打印选项

打印的常规选项设置包括"选择打印机的名称""打印范围""份数""纸张尺寸大小""送纸方向"等，设置完成后即可打印，具体操作如下。

（1）选择"文件"/"打印"菜单命令，打开"Photoshop 打印设置"对话框，选择与计算机连接的打印机，单击 打印设置… 按钮。

（2）在打开的对话框的"基本"选项卡中设置文件的打印属性，如"纸张大小""方向""份数""分辨率"等，单击 确定 按钮，如图11-16所示，返回"Photoshop 打印设置"对话框。

（3）在"位置"选项组中勾选 居中(C) 复选框，图像将在页面中居中摆放，取消勾选 居中(C) 复选框，可设置图像距离顶部与左边的距离。

（4）在"缩放后的打印尺寸"选项组中勾选 缩放以适合介质(M) 复选框，单击 完成(E) 按钮完成打印设置，如图11-17所示，返回图像窗口。

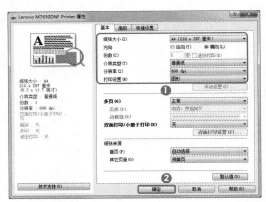

图11-16　打印基本设置　　　　　图11-17　设置位置和大小

11.3.3　预览并打印图层

在打印图像文件前，为防止打印出错，一般会通过打印预览功能预览打印效果，以便发现问题并及时改正。

1. 打印并预览可见图层中的图像

图像绘制完成后，可预览绘制效果并打印，具体操作如下。

（1）在"Photoshop 打印设置"对话框的左侧预览框中可预览打印图像的效果，若发现有问题应及时改正，如图11-18所示。

（2）在图像窗口中隐藏不需要打印的图层，在"Photoshop 打印设置"对话框中预览无误后，单击 打印(P) 按钮即可打印图像，如图11-19所示。

2. 打印选区

在Photoshop CS6中，不仅可以打印单独的图层，还可以创建并打印图像选区，具体操作如下。

图11-18 预览打印效果

图11-19 打印可见图层中的图像

（1）使用工具箱中的选区工具在图像中创建选区。

（2）打开"Photoshop 打印设置"对话框，设置打印参数。勾选 ☑打印选定区域 复选框，若选区不合适，可拖动预览框左侧和上面的三角形滑块调整打印区域，单击 打印(P) 按钮即可打印选区，如图11-20所示。

图11-20 打印选区

11.4 项目实训

11.4.1 印前处理和打印印刷小样

1. 实训目标

对一幅需要印刷的作品进行印前处理，并将其打印出来交给客户确定。

 素材所在位置 素材文件\第11章\项目实训\标志.psd

2. 相关知识

印刷小样是指交给客户确认内容、图片、文字、设计等元素的稿件。客户签字确认后，再交由印刷厂印刷，因此，印刷小样在印刷流程中非常重要。

3. 操作思路

本实训的操作思路如图11-21所示。

【步骤提示】

（1）打开"标志.psd"图像文件，将图像的颜色模式转换为CMYK颜色模式，并预览图像打印效果。

（2）选择"文件"/"打印"菜单命令，在打开的对话框中设置打印参数。

微课视频

印前处理和打印印刷小样

213

① 更改颜色模式　　　② 预览打印效果　　　③ 设置打印参数和打印图像

图11-21　印前处理和打印印刷小样的操作思路

（3）确认无误后单击 [打印(P)] 按钮打印图像。

11.4.2　录制并保存"暖色调"动作组

1．实训目标

录制并保存一个"暖色调"动作组，图像处理前后的对比效果如图11-22所示。

素材所在位置　素材文件\第11章\项目实训\小孩.jpg
效果所在位置　效果文件\第11章\项目实训\暖色调.jpg、暖色调.etn

微课视频

录制并保存"暖色调"
动作组

图11-22　图像处理前后的对比效果

2．相关知识

图像的色调处理是Photoshop CS6中十分常见的操作，使用频率很高，如制作特殊图像效果、制作艺术色调、商品图片调色等过程都需要使用到。当某一批图像出现相同的偏色情况时，就可以对其进行调色批处理。

3．操作思路

首先打开图像文件，新建动作组，然后录制照片滤镜、色相/饱和度动作，最后保存动作。本实训的操作思路如图11-23所示。

① 打开图像文件　　　② 录制动作　　　③ 保存动作

图11-23　暖色调处理的操作思路

【步骤提示】

（1）打开"小孩.jpg"图像文件，新建"暖色调"动作组，在该组中录制一个名称为"暖色调处理"的新动作。

（2）为图像添加"相机滤镜"菜单命令中的"加温"滤镜，然后增加图像的饱和度。

（3）停止录制，保存图像文件，并查看录制的动作，将该动作保存到计算机中。

11.5 课后练习

本章主要介绍了使用动作与输出图像的相关知识，如录制动作、播放动作、载入动作、批处理图像，以及印刷图像设计与印前流程、图像的打印与输出等知识。读者需要熟练掌握本章的内容，以提高工作效率和作品制作水平。

练习1：快速处理商品图像色调

对一批商品照片进行批处理操作，录制快速对图像进行自动调色的动作，图11-24所示为调色前后的对比效果。

微课视频

快速处理商品图像色调

图11-24　调色前后的对比效果

素材所在位置　素材文件\第11章\课后练习\女装\
效果所在位置　效果文件\第11章\课后练习\女装\

【步骤提示】

（1）打开"女装"文件夹中的任意一个图像文件，打开"动作"面板新建动作并开始录制，调整"可选颜色"中的绿色，添加"加深黄色"的变化效果。
（2）结束录制并保存文件，选择"文件"/"自动"/"批处理"菜单命令，对"女装"文件夹中的图像文件进行批处理操作。

微课视频

打印招聘海报

练习2：打印招聘海报

打印招聘海报，招聘海报如图11-25所示。

图11-25　招聘海报

素材所在位置　素材文件\第11章\课后练习\招聘海报.psd

【步骤提示】

（1）打开"招聘海报.psd"图像文件，将图像的颜色模式转换为CMYK颜色模式。
（2）打开"Photoshop 打印设置"对话框，设置打印参数，选择打印机并打印图像文件。

11.6 技巧提升

1. 印刷前的准备工作

印刷是指通过印刷设备将图像快速、大量地输出到纸张等介质上的过程，是广告设计、包装设计或海报设计等领域作品的主要输出方式。为了便于打印输出图像，在设计过程中需要进行必要的准备工作，主要包括以下6项内容。

- **转换图像的颜色模式。** 如果作品需要印刷，则设计时必须使用CMYK颜色模式。需要注意的是，如果图像是以RGB颜色模式扫描的，在进行色彩调整和编辑的过程中，应尽可能保持RGB颜色模式，最后再将其转换为CMYK颜色模式，并在输出成胶片前进行色彩微调。此外，在转换为CMYK颜色模式之前，应将RGB颜色模式下没有合并图层的文件存储为一个副本，以方便以后修改。

- **调整文件的分辨率。** 为了保证印刷出的图像清晰，在制作图像时，应将图像的分辨率设置为300～350像素/英寸。

- **选择文件的存储格式。** 在存储文件时，应根据要求选择文件的存储格式。若是用于印刷，则要存储为.tif 格式，一般在出片中心都以此格式来出片；若用于观看，则可存储为.jpg或.rgb格式。由于高分辨率的图像一般都在几MB到几十MB，甚至几百MB，因此磁盘常常不能满足其存储需要。对于此种情况，可以使用可移动的大容量介质来传输文件。

- **准备文件的字体。** 当作品中运用了某种特殊字体时，需要准备好该字体的安装文件，以便在制作分色胶片时一并提供给输出中心。一般情况下，最好不采用特殊的字体进行图像设计。

- **整理文件的相关文件。** 在将文件提交给输出中心时，应将所有与设计有关的图片文件、字体文件，以及设计软件中使用的图像文件准备齐全，缺一不可。

- **选择输出中心与印刷商。** 输出中心主要制作分色胶片，印刷商主要根据分色胶片进行印版、印刷和装订。因价格和质量不等，所以在选择输出中心与印刷商时应进行相应的调查。

2．将Photoshop图像文件置入Illustrator中

Illustrator支持多种图像格式（除.raw和.rsr等格式）。打开Illustrator，选择"文件"/"置入"菜单命令，找到所需的.psd格式文件，即可将Photoshop图像文件置入Illustrator中。

3．将Photoshop路径文件导入CorelDRAW中

在Photoshop中绘制好路径后，选择"文件"/"导出"/"路径到Illustrator"菜单命令，可将路径文件存储为.ai格式。打开CorelDRAW，选择"文件"/"导入"菜单命令，可将存储好的路径文件导入CorelDRAW中。

4．Phtoshop与其他设计软件的配合使用

Photoshop除了可以与Illustrator、CorelDRAW配合使用之外，还可以在FreeHand和PageMaker等软件中使用。

在FreeHand中置入Photoshop文件，可以通过按"Ctrl+R"组合键来完成。如果FreeHand的文件是用来输出、印刷的，则置入的Photoshop文件最好采用.tiff 格式，因为这种格式存储的图像信息最全、输出最安全。

在PageMaker中，多数常用格式的文件都能通过置入命令置入，但对于.psd、.png、.iff、.tga、.pxr、.raw、.rsr等格式的文件，由于PageMaker并不支持，所以需要将它们转换为其他PageMaker支持的格式文件置入，其中，.eps格式文件可以在PageMaker中产生透明背景效果。

第 12 章

综合案例——设计促销海报

情景导入

米拉经过不懈的努力后，对平面设计行业有了较深的认识，已经可以独立设计各种作品了。

学习目标

- 掌握设计促销海报的方法。
  包括综合利用椭圆工具、多边形工具、钢笔工具、图层样式、文字工具，以及图层蒙版、滤镜等。

案例展示

▲设计促销海报

12.1 案例目标

促销海报高清彩图

米拉学习了Photoshop CS6的相关设计知识后，已经成为一名优秀的设计师，经过老洪的推荐，现任公司设计师一职。米拉刚上任不久，就接到一位老客户的订单，要求为其公司网店制作促销海报。米拉对该公司的相关要求进行了解后，便开始了海报的初始设计。

设计促销海报时，首先需要绘制海报的背景，然后添加海报人物，最后添加相关的文字，效果如图12-1所示。通过完成本案例，读者可以熟练使用多边形工具、椭圆工具、钢笔工具、图层样式、文字工具，并掌握图层蒙版、滤镜的使用方法和技巧。下面具体讲解制作方法。

图12-1 促销海报的最终效果

素材所在位置 素材文件\第12章\课堂案例1\女孩.jpg
效果所在位置 效果文件\第12章\课堂案例1\促销海报.psd

12.2 相关知识

使用Photoshop CS6制作促销海报前，需要熟悉促销海报的概念、促销海报的创意设计等相关知识。

12.2.1 促销海报的概念

促销海报是用文字和图形把促销信息传达给大众，刺激大众消费的图像，不仅用于各类购物网页中，还能展示在街道、影剧院、展览馆、车站、码头、公园等场所。

12.2.2 促销海报的创意设计

市场中的各类产品都面临着竞争，进行产品打折促销是各品牌常用的手段。在制作促销海报时，要着重突出促销的内容。本案例制作关于儿童产品的5折促销海报，具体制作分析如下。

- 确认促销海报的促销信息、用途和尺寸。本案例设计的促销海报主要宣传童装"6.18大促""全场5折起"等信息，用于童装网店首页，宽度为全屏海报的宽度1920像素，高度根据海报内容调节。
- 准备素材，进行创意分析与设计，确定布局和色彩搭配，确定促销海报的设计风格。
- 开始制作。本案例的制作过程主要包括绘制背景、添加人物和添加文字3个步骤。在绘制背景时，为了体现可爱的风格，绘制了彩旗、星星、月亮、云朵、棒棒糖等小元素；添加人物时，涉及创建路径、转换路径与选区、应用图层蒙版、调整边缘等操作；添加文字后，为美化文字，需要设置文字字符格式、添加描边与投影样式。

12.3 操作思路

本案例的操作思路如图12-2所示。

① 绘制背景　　　　　② 添加人物　　　　　③ 添加文字

图12-2　设计促销海报的操作思路

12.4　操作过程

下面从设计促销海报的操作思路出发，介绍绘制背景、添加人物、添加文字的操作过程。

12.4.1　绘制背景

微课视频

绘制背景

首先新建图像文件，填充背景，然后绘制云朵、星星、月亮、棒棒糖等图形，制作可爱的海报背景，具体操作步骤如下。

（1）新建"促销海报.psd"图像文件，设置宽度和高度分别为1920像素和650像素、分辨率为"72像素/英寸"，设置前景色为蓝色（R:76,G:204,B:240），按"Alt+Delete"组合键填充背景，如图12-3所示。

（2）选择工具箱中的画笔工具，设置前景色为白色（R:255,G:255,B:255），设置画笔的大小为"1753像素"，硬度为"0%"。新建图层并选择新建的图层，在图像中心单击绘制白色柔边圆，在"图层"面板设置图层混合模式为"叠加"，如图12-4所示。

图12-3　填充背景

图12-4　绘制柔边圆

（3）在工具箱中选择椭圆工具，在工具属性栏中设置绘图模式为"形状"，在图像底部拖动鼠标指针绘制大小不一的多个椭圆，取消描边，填充白色（R:255,G:255,B:255），如图12-5所示。

（4）按住"Shift"键的同时选择所有椭圆所在的图层，在其上单击鼠标右键，在弹出的快捷菜单中选择"合并形状"命令，并设置图层的不透明度为"80%"，如图12-6所示。

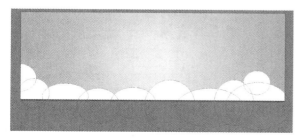

图12-5　绘制多个椭圆

图12-6　合并形状

（5）在"图层"面板中双击合并后的椭圆所在的图层，打开"图层样式"对话框，勾选 ☑投影 复选框，单击混合模式后的色块，设置投影颜色为蓝色（R:53,G:153,B:177）、角度为"-127度"、距离为"8像素"，"扩展"为"%"、大小为"12像素"，单击 确定 按钮，如图12-7所示。

（6）返回图像窗口，查看投影效果，如图12-8所示。

图12-7　设置椭圆的"投影"参数　　　　图12-8　查看投影效果

（7）在工具箱中选择椭圆工具 ⬭，在图像底部拖动鼠标指针绘制两个椭圆，取消描边，设置填充颜色为蓝色（R:76,G:204,B:240），如图12-9所示。

（8）在工具箱中选择钢笔工具 ✐，设置绘图模式为"形状"，取消填充，设置描边颜色为白色（R:255,G:255,B:255），描边粗细为"6点"，在图像左上角绘制线条，如图12-10所示。

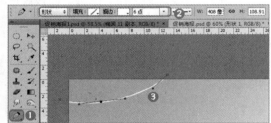

图12-9　绘制椭圆　　　　　　　　　图12-10　绘制线条

（9）在白色线条上绘制3个三角形，设置填充颜色分别为红色（R:255,G:0,B:255）、红色（R:229,G:0,B:79）、红色（R:228,G:0,B:127），取消描边，如图12-11所示。

（10）使用步骤（5）的方法为线条添加投影，设置投影颜色为蓝色（R:53,G:153,B:177）、角度为"-127度"、距离为"22像素"、"扩展"为"0%"、大小为"5像素"，单击 确定 按钮，如图12-12所示。

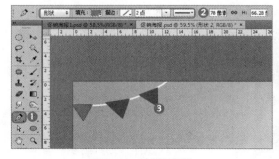
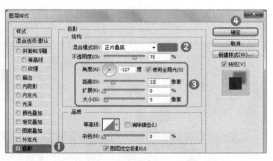

图12-11　绘制三角形　　　　　　　图12-12　设置线条的"投影"参数

（11）在"图层"面板中按住"Alt"键，拖动线条所在图层的图层样式图标 *fx* 到绘制的三角形所在图层上，复制投影样式，如图12-13所示。

（12）在工具箱中选择多边形工具 ⬡，在工具属性栏中设置绘图模式为"形状"，在图像中单击，打开"创建多边形"对话框，在"宽度""高度"文本框中均输入"100 像素"，在"边数"文本框中输入"5"，勾选 ☑平滑拐角 、 ☑星形 、 ☑平滑缩进 复选框，在"缩进边依据"文本框中输入"45%"，单击 确定 按钮，如图12-14所示。

图12-13　复制投影样式　　　　　　　　　　　　图12-14　创建多边形

（13）在工具属性栏中设置填充方式为"线性渐变填充"，渐变颜色为黄色（R:255,G:234,B:0）、黄色（R:255,G:240,B:158），取消描边，如图12-15所示。

（14）在工具箱中选择直线工具 ／，在星星下绘制线条，取消描边，并填充白色（R:255,G:255,B:255），设置粗细为"2像素"，将前面的投影样式复制到星星和线条上，如图12-16所示。

图12-15　渐变填充星形　　　　　　　　　图12-16　绘制线条并复制投影样式

（15）复制并变换星星到其他位置，再绘制一个白色的圆和两个白色的星星，并设置图层的不透明度，效果如图12-17所示。

（16）在工具箱中选择椭圆工具 ⬭，在工具属性栏中设置绘图模式为"形状"，设置与星星相同的填充颜色。绘制圆，在工具属性栏中单击"路径操作"按钮 ▫，在打开的下拉列表中选择"减去顶层形状"选项，在圆左上角绘制圆，得到月亮，如图12-18所示。

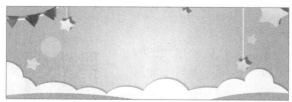

图12-17　绘制其他星星与圆的效果　　　　　　图12-18　绘制月亮

（17）新建150像素×150像素的空白图像文件，选择工具箱中的矩形工具 ▭，绘制100像素×

100像素的矩形，填充黄色（R:255,G:234,B:0），取消描边，如图12-19所示。

（18）新建150像素×150像素的空白图像文件，选择工具箱中的矩形工具，绘制100像素×100像素的矩形，双击矩形所在图层，打开"图层样式"对话框，勾选 渐变叠加 复选框，设置渐变颜色为红色（R:249,G:14,B:255）、白色（R:255,G:255,B:119）、红色、白色、红色"，如图12-20所示，单击 确定 按钮。

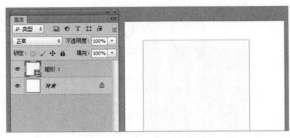

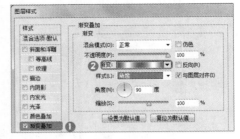

图12-19　绘制矩形　　　　　　　　　　图12-20　设置"渐变叠加"参数

（19）返回图像窗口，在矩形所在图层上单击鼠标右键，在弹出的快捷菜单中选择"转换为智能化对象"命令，选择"滤镜"/"扭曲"/"旋转扭曲"菜单命令，打开"旋转扭曲"对话框，将角度设置为最大，单击 确定 按钮，如图12-21所示。

（20）返回图像窗口，为图像中心区域创建圆选区，按"Ctrl+J"组合键将圆选区复制到新建的图层上，得到棒棒糖，如图12-22所示。

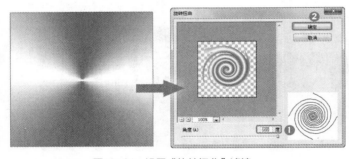

图12-21　设置"旋转扭曲"滤镜　　　　　　　　图12-22　棒棒糖

（21）将棒棒糖移动到"促销海报.psd"图像文件中的月亮上，调整大小和位置，在其下绘制粗细为"6像素"的白色线条作为棒子，将前面的星星的投影样式复制到棒棒糖和月亮上，修改投影距离，完成背景的制作，如图12-23所示。

图12-23　背景效果

12.4.2　添加人物

使用钢笔工具绘制路径，将路径转换为选区，然后使用"调整边缘"菜单命令创建图层蒙版，完成人物的抠取，并将人物到添加海报中，具体操作如下。

（1）打开"女孩.jpg"图像文件，在工具箱中选择钢笔工具，在工具属性栏中设置绘图模式为"路径"，为人物绘制路径，如图12-24所示。

微课视频

添加人物

（2）按"Ctrl+Enter"组合键将路径转换为选区，如图12-25所示。

（3）选择"选择"／"调整边缘"菜单命令，打开"调整边缘"对话框，在"视图"下拉列表框中选择"黑底"选项，图像效果如图12-26所示。

图12-24　绘制路径

图12-25　将路径转换为选区

（4）在工具属性栏中设置画笔的大小为"15"，涂抹头发边缘，去掉边缘的草地部分，设置半径为"1.2像素"、对比度为"12%"，勾选"净化颜色"复选框，设置"数量"为"50%"，设置"输出到"为"新建带有图层蒙版的图层"，单击 确定 按钮，如图12-27所示。

图12-26　黑底视图效果

图12-27　调整边缘

（5）返回工作界面，查看新建的带有图层蒙版的图层，如图12-28所示。

（6）选择"图像"／"图像旋转"／"水平翻转画布"菜单命令，效果如图12-29所示。

图12-28　带有图层蒙版的图层

图12-29　水平翻转画布

（7）将带有图层蒙版的图层移动到"促销海报.psd"图像文件中，调整大小和位置，将白色云朵图层的投影样式复制到人物图层上，完成人物的添加，如图12-30所示。

图12-30　添加人物后的效果

12.4.3　添加文字

下面为促销海报添加文字，设置文字的字符格式，并添加描边、投影样式，具体操作步骤如下。

（1）在工具箱中选择自定形状工具，在工具属性栏中设置填充颜色为黄色（R:255,G:255,B:0），取消描边，在"形状"下拉列表框中选择形状，在人物左上角绘制形状，调整形状角度，在形状两侧绘制两条白色线条，使其位于原形状的下方，如图12-31所示。

（2）在工具箱中选择横排文字工具，在人物右上角输入文字，设置文字的字符格式为"方正黑体简体、42点、蓝色（R:62,G:193,B:226）"，更改"5"的字符格式为"方正超粗黑简体、60点"，调整文字角度，如图12-32所示。

图12-31　绘制形状　　　　　　　　　　　　　　　图12-32　输入文字

（3）在工具箱中选择横排文字工具，在人物右侧输入文字，设置文字的字符格式为"方正超粗黑简体、黄色（R:253,G:209,B:15）、164点"，更改"大促""约""狂欢"文字的颜色为蓝色（R:62,G:193,B:226），并调整其字号和角度，如图12-33所示。

（4）双击文字"6.18"所在的图层，在打开的对话框中勾选描边复选框，设置"大小"为"15像素"，描边颜色为白色（R:255,G:255,B:255），勾选投影复选框，单击混合模式后的色块，设置投影颜色为"#3599b1"，设置不透明度为"75%"、角度为"144度"、距离为"40像素"、扩展为"12%"、大小为"8像素"，单击确定按钮，如图12-34所示，最后将图层样式复制到其他文字图层上，完成促销海报的制作。

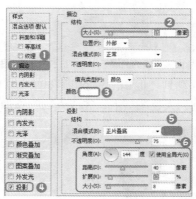

图12-33　输入文字　　　　　　　　　　　　　　　图12-34　为文字添加描边、投影样式

12.5 项目实训

12.5.1 设计手机UI

1. 实训目标

为一款手机设计UI，需要综合运用Photoshop CS6的多项功能。本实训的参考效果如图12-35所示。

素材所在位置 素材文件\第12章\项目实训\手机UI视觉效果\
效果所在位置 效果文件\第12章\项目实训\手机UI界面设计.psd

微 课 视 频

设计手机 UI

图12-35 手机UI的参考效果

2. 相关知识

设计手机UI是对手机界面的整体设计，视觉效果良好，具有良好操作体验的手机界面无疑更能赢得消费者的青睐。设计手机UI一般是对字体、颜色、布局、形状、动画等元素的设计与组合，同时还应注意细节的精细化和设计的个性化。本实训设计的手机UI以舒适、实用为基本设计理念。

3. 操作思路

完成本实训，将涉及设计锁屏界面、设计应用界面和设计音乐播放界面等操作，操作思路如图12-36所示。

① 设计锁屏界面 ② 设计应用界面 ③ 设计音乐播放界面

图12-36 设计手机UI的操作思路

【步骤提示】

（1）打开"手机.psd"图像文件，新建图层并添加背景，将"手机壁纸1.jpeg"图像文件拖入"手机.psd"图像文件中并调整大小与位置。

（2）对手机壁纸进行描边，创建剪贴蒙版，将壁纸裁剪到手机屏幕中。

（3）分别绘制手机屏幕顶端的黑色矩形、信号图标、螺纹圆形、电池图标等，为手机屏幕绘制高光区，输入文字，并绘制解锁图标，完成锁屏界面的设计。为了便于管理图层，新建"锁屏界面"图层组，该相关图层移入该图层组中。

（4）复制并修改"锁屏界面"图层组，为背景添加模糊效果，使用画笔工具添加光斑，并为光斑添加模糊效果。

（5）在手机屏幕底端绘制渐变填充选区，绘制应用界面的圆形缩略按钮。

（6）绘制应用界面图标，并分别为其添加图层样式。绘制完成后为应用图标添加文字，完成应用界面的设计。

（7）复制并修改"锁屏界面"图层组，将"手机壁纸2.jpg"图像文件添加到"手机.psd"图像文件中，创建剪贴蒙版并调整色阶。

（8）选择"手机壁纸.jpg2"所在的图层，为其添加"高斯模糊"滤镜，复制背景图层，为其添加"冷却"滤镜。

（9）将"手机壁纸3.jpg"图像文件添加到"手机.psd"图像文件中，创建剪贴蒙版并绘制黑色矩形，在黑色矩形上绘制主页等形状图标。

（10）绘制播放按钮、进度条等对象，输入文字并添加图片，最后为歌词设置渐变叠加效果，完成音乐播放界面的设计。

12.5.2　设计手提袋包装

1. 实训目标

为一家服饰公司设计专门的手提袋，要求手提袋简洁大方，便于消费者记忆和识别。本实训制作完成后的效果如图12-37所示。

效果所在位置　效果文件\第12章\项目实训\手提袋.psd

微课视频

设计手提袋包装

图12-37　手提袋包装的参考效果

2. 相关知识

手提袋是一种非常常见的用于盛放物品的包装收纳袋，其功能、外观与内容根据使用环境和使用情况的不同存在很大的差异。从具体形式来划分，手提袋可分为广告性手提袋、礼品性手提袋、装饰性手提袋、知识型手提袋、纪念型手提袋、简易型手提袋、潮流型手提袋、仿古型手提袋等。手提袋的制作材料主要包括纸张、塑料、无纺布等。本实训设计的手提袋为纸质手提袋，主要用于服装公司出售服装时包装商品，还可以起到宣传公司的作用。

3. 操作思路

完成本实训，将涉及设计手提袋主体部分、制作立体包装、添加倒影等操作，操作思路如图12-38所示。

① 设计手提袋主体部分　　② 制作立体包装　　③ 添加倒影

图12-38　设计手提袋包装的操作思路

【步骤提示】

（1）新建一个1575像素×1722像素、分辨率为100像素/英寸的图像文件，使用标尺和参照线标出手提袋中需要填充蓝色的部分。

（2）使用自定形状工具███绘制标志并复制，使用文字工具输入企业名称和广告语。

（3）制作立体效果。新建相同大小的图像文件，将手提袋的正面和侧面合并到一个图层中，再使用变换框将其各部分组合在一起，形成立体效果。

（4）为手提袋绘制绳子和绳孔，设置"斜面和浮雕"图层样式。

（5）复制除背景图层外的图层，对其进行翻转，然后添加图层蒙版，并使用画笔工具███对图像底部进行涂抹，隐藏部分图像，制作倒影效果。

12.6　课后练习

本章以综合案例的方式介绍了促销海报的一般设计方法和制作流程，并制作了儿童服的促销海报。读者要学会利用所学的Photoshop CS6图像处理知识来设计需要的图像，在设计过程中，要通过图形、文字等元素表现设计理念。

练习1：制作多色金属发光按钮

设计一组多色金属发光按钮，参考效果如图12-39所示。

效果所在位置　效果文件\第12章\课后练习\金属按钮.psd

【步骤提示】

（1）新建大小为787像素×394像素、名称为"金属按钮"的图像文件，通过椭圆选框工具制作按钮的基本外形并填充颜色。

（2）应用"斜面和浮雕""渐变叠加""投影"等图层样式制作金属
按钮效果。

（3）新建图层，绘制按钮中心的金属渐变圆和发光圆选区，设置渐变
填充。

（4）新建图层，用钢笔工具 绘制出按钮中的反光图像，将绘制的反光图
像转换为选区后填充，设置不透明度，完成一个按钮的制作。

（5）盖印按钮图层，复制两个按钮，通过调色方法更改按钮的颜色，完成其他按钮的制作。

制作多色金属发光
按钮

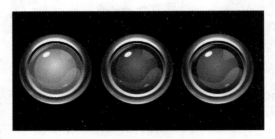

图12-39　金属按钮效果

练习2：制作电动牙刷海报

为电动牙刷制作海报，参考效果如图12-40所示。

素材所在位置	素材文件\第12章\课后练习\电动牙刷背景.tif、电动牙刷.jpg
效果所在位置	效果文件\第12章\课后练习\电动牙刷海报.psd

图12-40　电动牙刷海报效果

制作电动牙刷海报

【步骤提示】

（1）新建大小为750像素×896像素的图像文件，将"电动牙刷背景.tif"和"电动牙刷.jpg"
图像文件中的图像拖入其中，调整图像的位置和大小，复制电动牙刷背景图层，并调整
至电动牙刷图层的上方，更改图层混合模式为"叠加"。

（2）添加文字，设置文字的字符格式。

（3）绘制圆角矩形，添加文字，设置文字的字符格式，完成排版。

附录 APPENDIX

　　为了提高使用Photoshop CS6处理图像的效率，本附录整理了Photoshop CS6的常用快捷键，使用快捷键（组合键）可以快速完成图像处理的相关操作。

附表1　文件操作快捷键

作用	快捷键（组合键）	作用	快捷键（组合键）
向后一步	Ctrl+Alt+Z	打开为	Alt+Ctrl+O
打开	Ctrl+O	关闭	Ctrl+W
关闭全部	Ctrl+Alt+W	存储	Ctrl+S
存储为	Shift+Ctrl+S	存储为网页格式	Ctrl+Alt+S
页面设置	Ctrl+Alt+P	打印	Ctrl+P
退出	Ctrl+Q	打印一份	Ctrl+Shift+Alt+P
文件简介	Ctrl+Shift+Alt+I	恢复	F12

附表2　编辑快捷键（组合键）

作用	快捷键（组合键）	作用	快捷键（组合键）
撤销	Ctrl+Z	向前一步	Ctrl+Shift+Z
向后一步	Ctrl+Alt+Z	退取	Ctrl+Shift+F
剪切	Ctrl+X	复制	Ctrl+C
合并复制	Ctrl+Shift+C	粘贴	Ctrl+V
原位粘贴	Ctrl+Shift+V	自由变换	Ctrl+T
再次变换	Ctrl+Shift+T	色彩设置	Ctrl+Shift+K
打开"首选项"对话框	Ctrl+K	预先调整管理器	Alt+E 放开后按 M
从历史记录中填充	Alt+Ctrl+Backspace	打开"填充"对话框	Shift+Backspace
用前景色填充	Alt+Delete	用背景色填充	Ctrl+Delete
删除选框中的对象	Delete	取消变形	Esc

附表3　图像调整快捷键（组合键）

作用	快捷键（组合键）	作用	快捷键（组合键）
调整色阶	Ctrl+L	自动色阶	Ctrl+Shift+L
自动对比度	Ctrl+Shift+Alt+L	调整曲线	Ctrl+M
色彩平衡	Ctrl+B	调整色相/饱和度	Ctrl+U

续表

作用	快捷键（组合键）	作用	快捷键（组合键）
去色	Ctrl+Shift+U	反向	Ctrl+I
抽取	Ctrl+Alt+X	液化	Ctrl+Shift+X

附表 4　图层快捷键（组合键）

作用	快捷键（组合键）	作用	快捷键（组合键）
新建图层	Ctrl+Shift+N	将当前层下移一层	Ctrl+[
建立默认的新图层	Ctrl+Alt+Shift+N	将当前层上移一层	Ctrl+]
通过复制新建图层	Ctrl+J	将图层移到最下面	Ctrl+Shift+[
与前一图层编组	Ctrl+G	将图层移到最上面	Ctrl+Shift+]
合并图层	Ctrl+E	激活下一个图层	Alt+[
合并可见图层	Ctrl+Shift+E	激活上一个图层	Alt+]
通过对话框复制新图层	Ctrl+Alt+J	激活底部图层	Shift+Alt+[
通过剪切新建图层	Ctrl+Shift+J	激活顶部图层	Shift+Alt+]
柔光	Shift+Alt+F	盖印	Ctrl+Alt+E
取消编组	Ctrl+Shift+G	盖印可见图层	Ctrl+Alt+Shift+E
保留图层透明区域	/	从对话框创建剪切的图层	Ctrl+Shift+Alt+J
循环选择混合模式	Shift+ - 或 +	"强光"混合模式	Shift+Alt+H
"正常"混合模式	Shift+Alt+N	"颜色减淡"混合模式	Shift+Alt+D
"溶解"混合模式	Shift+Alt+I	"颜色加深"混合模式	Shift+Alt+B
"正片叠底"混合模式	Shift+Alt+M	"变暗"混合模式	Shift+Alt+K
"滤色"混合模式	Shift+Alt+S	"变亮"混合模式	Shift+Alt+G
"叠加"混合模式	Shift+Alt+O	"差值"混合模式	Shift+Alt+E
"排除"混合模式	Shift+Alt+X	"色相"混合模式	Shift+Alt+U
"饱和度"混合模式	Shift+Alt+T	"明度"混合模式	Shift+Alt+Y
"颜色"混合模式	Shift+Alt+C		

附表 5　选择快捷键（组合键）

作用	快捷键（组合键）	作用	快捷键（组合键）
全选	Ctrl+A	反选	Ctrl+Shift+I
取消选择	Ctrl+D	羽化	Ctrl+Alt+D
重新选择	Ctrl+Shift+D	载入选区	Ctrl+单击图层缩略图

附表 6　视图快捷键（组合键）

作用	快捷键（组合键）	作用	快捷键（组合键）
校验颜色	Ctrl+Y	锁定参考线	Ctrl+Alt+ ；
色域警告	Ctrl+Shift+Y	选择彩色通道	Ctrl+~
放大	Ctrl+ +	选择单色通道	Ctrl+ 数字
缩小	Ctrl+ −	选择快速蒙板	Ctrl+\
满画布显示	Ctrl+0	以 CMYK 颜色模式预览	Ctrl+Y
显示实际像素	Ctrl+Alt+0	显示 / 隐藏路径	Ctrl+Shift+H
显示附加	Ctrl+H	打开"颜色"面板	F6
显示网格	Ctrl+Alt+'	打开"图层"面板	F7
显示标尺	Ctrl+R	打开"信息"面板	F8
启用对齐	Ctrl+ ；	打开"动作"面板	F9

附表 7　工具箱快捷键（组合键）

作用	快捷键（组合键）	作用	快捷键（组合键）
选择矩形、椭圆选框工具	M	选择铅笔、直线工具	N
选择裁剪工具	C	模糊、锐化、涂抹	R
选择移动工具	V	减淡、加深、海绵	O
选择套索工具	L	选择钢笔工具	P
选择魔棒工具	W	选择添加锚点工具	+
选择喷枪工具	J	选择文字工具	T
选择画笔工具	B	选择度量工具	U
选择仿制图章、图案图章工具	S	选择渐变工具	G
选择历史记录画笔工具	Y	选择油漆桶工具	K
选择橡皮擦工具	E	选择吸管、颜色取样器	I
选择抓手工具	H	临时使用抓手工具	空格键
选择缩放工具	Z	循环选择画笔	[或]
默认前景色背景色	D	选择第一个画笔	Shift+[
切换前景色背景色	X	选择最后一个画笔	Shift+]
切换标准模式	Q	删除锚点工具	−
切换标准屏幕模式	F	直接选取工具	A
临时使用移动工具	Ctrl	临时使用吸色工具	Alt

附录2　　专业设计网站推荐

为了帮助读者提高平面设计水平，下面列举了一些专业设计网站。这些网站提供了很多优秀的设计作品，还提供了一些设计小技巧。

1. 设计在线网

设计在线网中有各种设计竞赛活动的信息，坚持用专业的设计资讯内容服务中国设计群体，与国内外设计院系、设计行业组织、设计公司及企业建立了广泛的联系，成功地协办和推广了大量国内外重大设计活动。组织设计竞赛活动是设计在线网的特色。

2. 设计前沿网

设计前沿网包含各种工业设计案例，是面向一线工业设计师的媒体式专业化网站，关注工业设计行业的发展状态，联结工业设计上下游资源，促进工业设计在整个产业价值链中贡献率的提升，促进跨领域、跨产业的合作伙伴关系。设计前沿网致力于建立起艺术与产业的纽带关系，为工业设计行业提供多元化的资讯，让设计美学融入日常生活中。

3. 建筑与室内设计师网

建筑与室内设计师网是服务于中国建筑与设计行业的专业网站，包含各种室内设计选材与图库，为以设计师为核心的用户群体提供包含设计展示、设计选材、专业交流、行业活动等完整的服务链。

4. 千图网

千图网包含广告设计、创意海报等各种门类的设计作品，主要为中小企业、自媒体、设计师等提供优质的素材，还为用户提供高质量的下载服务。

5. 花瓣网

花瓣网汇聚了许多精美的素材，网站内容十分丰富，涵盖网页、插画、UI、动漫、摄影等领域，并且更新较快。